ブログ「EX-IT」管理人
井ノ上 陽一

やってはいけない
Excel

「やってはいけない」がわかると「Excelの正解」がわかる

技術評論社

● Microsoft Windows、Microsoft Office Excelは、
　Microsoft Corporationの商標または登録商標です。
　本文中に™、®マークなどは特に明記しておりません。

● 本書は情報の提供のみを目的としています。本書
　の運用は、お客様ご自身の責任と判断によって行っ
　てください。本書に掲載されている操作手順等の
　実行によって万一損害等が発生した場合でも、筆
　者および技術評論社は一切の責任を負いかねます。

● 本書に記載されている情報は2019年8月時点のも
　のです。掲載の画面写真などは予告なく変更され
　ることがあります。

まえがき

「Excel って使いにくい」と思ったことはないでしょうか？

　Excelは自由度の高いソフトであり、いろんな使い方ができます。

　その中には、効率が悪く、「やってはいけない」ことも多いのです。

　本書は、Excelで「やってはいけないこと」「こうしたほうがいいんじゃないかな」ということをまとめた本です。

　私は総務省統計局に入り、Excelをはじめてさわったときに、「ワープロと何が違うんだろう？」「この枠は何だろう？」と不思議に思っていました。

　しかし、Excelを使っているうちに、「これを使えば仕事が早く終わるし、早く帰れるのではないか！」と思い、Excelの勉強をしてきました。

　その後、公務員を辞め、税理士の道を目指すことができたのも、独立して12年目を迎えることができたのも、Excelを使うことによってつくってきた時間のおかげです。

　Excelを使うことで、単に仕事をこなすだけではなく、人生を変えることができるのです。

　そこまでの可能性を秘めたExcelを、よく知っていただきたいと思い、本書を書きました。

　自分に合う使い方、合わない使い方もあるかと思いますので、私が考えるExcelで「やってはいけないこと」「やるべきこと」にツッコミを入れつつ、楽しみながら読んでいただければと思います。

　私は、脱Excelという言葉が大嫌いです。

「Excelは使いにくいから、Excelをやめて、このソフトを使いましょう」という風潮もありますが、Excelの可能性はまだまだ知られていません。脱Excelの前に、Excelをもうちょっとだけ使っていただければと思っています。

　Excelの使い方を学ぶことで、皆様の時間をつくるきっかけとなることを願っております。

2019年8月吉日　井ノ上 陽一

Contents

まえがき 3

Part 1
Excelの心得

Lesson1 我流でExcelを使わない。基本からExcelを勉強する。 10

Lesson2 Excelソフトを買ってはいけない。
Office 365 Soloを買う。 12

Lesson3 Excelを使うときはキーボードを見てはいけない。
タッチタイピングを練習しよう。 15

Lesson4 Excelは保存せずに使ってはいけない。
自動保存、上書き保存する。 20

Lesson5 Excelファイルをメールでやりとりしてはいけない。
PDF・共有を使う。 24

Lesson6 資料は紙でもらってはいけない。データでもらう。 28

Lesson7 なんでもExcelでつくってはいけない。
他のソフトも利用する。 30

Lesson8 無理にマクロを使ってはいけない。
Excelですむなら Excelでやる。 32

Part 2
「Excelファイル」のやってはいけない

Lesson9 スタートからExcelを開いてはいけない。
タスクバーを使う。 36

Lesson10 デスクトップにはファイルを置かない。
ファイルの置き場所を必ず決める。 40

Lesson11 ファイル名は適当につけない。整理整頓する。 42

Lesson12 月別にファイル、シートを分けてはいけない。
1枚のシートに入れる。 44

Lesson13 Excel方眼紙を使ってはいけない。
紙ではなくデータとしてExcelを使う。 ……………… 46

Lesson14 Excelファイルの切り替えはマウスでやってはいけない。
Ctrl＋Tab を使う。 ………… 48

Lesson15 Excelのウィンドウはマウスで揃えてはいけない。
Alt → W → A を使う。 ……………… 50

Lesson16 無駄な空白シートはつくらない。空白シートは即削除する。 …… 54

Lesson17 データには空白行をつくってはいけない。
データは詰めてつくる。 ……………… 56

Lesson18 列・行を非表示にしてはいけない。アウトラインを使う。……… 58

Lesson19 タイトル行を各ページにつくってはいけない。
ページレイアウト設定、テーブルを使う。 ……………… 61

Lesson20 データは一番下まで入れてはいけない。
ファイルサイズに気をつける。 ……………… 64

Lesson21 プリントアウトを意識してはいけない。
画面上でも確認できる仕組みをつくる。 ……………… 67

Lesson22 統合を使ってはいけない。データを1つのシートに集める。 …… 69

Lesson23 紙の資料を再現してはいけない。データで確認する習慣をつける。… 71

Lesson24 Excelでアンケートをつくってはいけない。
Googleフォームを使う。 ……………… 73

Part 3
「見た目」のやってはいけない

Lesson25 罫線は必要以上に引かない。罫線がなくても見やすくする。…… 78

Lesson26 1行おきに色をつけてはいけない。テーブルを使う。 ………… 80

Lesson27 色は多用してはいけない。シンプルにつくる。 ……………… 82

Lesson28 1つずつ色をつけてはいけない。条件付き書式を使う。……… 84

Lesson29 インデントをスペースでつけてはいけない。
インデント機能を使う。 ……………… 87

Contents

Lesson30 曜日に色をつけてはいけない。条件付き書式を使う。 ………… 89

Lesson31 文字と数字だけで資料をつくってはいけない。
グラフ・データバーを使う。 ………………………… 92

Lesson32 グラフをリボンからつくってはいけない。Alt+F1 を使う。 …… 95

Lesson33 F11 でグラフをつくってはいけない。
通常シートにグラフをつくる。 …………………… 97

Lesson34 3Dでグラフをつくってはいけない。2Dでつくる。 ………… 99

Lesson35 グラフの横軸にある項目は、斜めに表示しない。
横に表示する。 ………………………………… 100

Lesson36 グラフの色は標準色を使ってはいけない。
万人に見やすい色に設定する。 ………………… 102

Lesson37 かわいいフォントを使ってはいけない。フォントは統一する。 …104

Lesson38 ヘッダー・フッターを入れてはいけない。セルに入れる。 ……106

Part4
「入力」のやってはいけない

Lesson39 半角と全角を適当に使わない。明確に区別する。 ……………110

Lesson40 「1000円」と入力してはいけない。書式を使う。 …………112

Lesson41 セルは結合しない。[選択範囲内で中央] を使う。 …………114

Lesson42 セルの折り返しは調整しない。Alt+Enter を使う。 …………116

Lesson43 ドロップダウンリストは使わない。正確に入力する癖をつける。 …118

Lesson44 連続データはいちいち入力しない。オートフィルを使う。 ……122

Lesson45 コピーのアイコンを使って、コピーしない。Ctrl+C を使う。 …126

Lesson46 上のセルをコピーするときに
Ctrl+C を使わず、Ctrl+D を使う。 ……………………128

Lesson47 英数モードに切り替えてはいけない。F10 を使う。 …………131

Lesson48 空白セルに入力してはいけない。ジャンプを使う。 …………133

Lesson49 ブラウザを見ながら入力してはいけない。貼り付けてみる。 ……136

Lesson50 曜日を入力してはいけない。セルの書式設定を使う。 ………138

Lesson51 姓と名を入れなおしてはいけない。区切り位置を使う。……… 141

Lesson52 セルをダブルクリックしてはいけない。$F2$を使う。 ………… 143

Lesson53 検索・置換でリボンを使ってはいけない。
$Ctrl$＋F、$Ctrl$＋Hを使う。……………………… 145

Part 5
「操作」のやってはいけない

Lesson54 マウスでセルを選択してはいけない。方向キーを使う。……… 148

Lesson55 右へ入力するときは$Enter$キーを使ってはいけない。
Tabキーを使う。………………………………… 150

Lesson56 スクロールさせてはいけない。$Ctrl$＋方向キーを使う。…… 152

Lesson57 元に戻すときは、リボンの［戻る］アイコンをクリックしない。
$Ctrl$＋Zを使う。 ………………………… 154

Lesson58 OKをマウスでクリックしてはいけない。
$Enter$キーを押す。……………………………… 156

Lesson59 シートは右クリックでコピーしない。$Ctrl$＋ドラッグを使う。… 158

Lesson60 クイックアクセスツールバーはクリックしない。
アクセスキーを使う。…………………………………… 160

Part 6
「数式・関数」のやってはいけない

Lesson61 数式バー・リボンを使って入れてはいけない。
セルに関数を直接入力する。……………………… 164

Lesson62 オートSUMを使ってはいけない。
Alt＋$Shift$＋$=$を使う。……………………… 166

Lesson63 繰り返しコピーしてはいけない。数式・VLOOKUP関数を使う。… 168

Lesson64 CSVデータの列や行を削除してはいけない。
数式で連動させる。………………………………… 170

Lesson65 IF関数を複雑にしてはいけない。VLOOKUP関数を使う。… 173

Contents

Lesson66 数式は1つずつ入れない。絶対参照を使う。 ……………………… 175

Lesson67 シート名はセルに入力しない。CELL関数を使う。 …………… 179

Lesson68 消費税計算ではROUNDDOWN関数を使わない。
INT関数を使う。 ……………………………………………… 182

Lesson69 日付データを入力しなおしてはいけない。DATE関数を使う。 …184

Lesson70 0で割ったままにしてはいけない。
IFERROR関数でエラー処理する。 …………………………… 186

Lesson71 1000で割って千円単位を表示してはいけない。
セルの書式設定を使う。 ……………………………………… 188

Lesson72 端数処理をせずに計算してはいけない。
計算するなら端数処理する。 ………………………………… 190

Lesson73 土日を支払期限にしてはいけない。WORKDAY関数を使う。 …193

Lesson74 フリガナを入力してはいけない。関数・マクロを使う。 ………… 195

Part 7
「集計」のやってはいけない

Lesson75 複数のシートのデータをコピー&ペーストしてはいけない。
INDIRECT関数を使う。 …………………………………… 200

Lesson76 複数のファイルからコピペを繰り返してはいけない。
「取得と変換」で複数のファイルからデータを集める。 ……… 203

Lesson77 Excelを使うときに、電卓とテンキーを使ってはいけない。
Excel上で計算する。 ……………………………………… 207

Lesson78 表をつくってはいけない。データを表にする。 ………………… 209

Lesson79 ピボットテーブルはそのままつくってはいけない。
テーブルを使う。 …………………………………………… 212

Lesson80 COUNT関数で数えてはいけない。ピボットテーブルを使う。 …215

Lesson81 並べ替えて合計してはいけない。ピボットテーブルを使う。 ……218

Lesson82 SUMIF関数、SUMIFS関数を使ってはいけない。
ピボットテーブルを使う。 ………………………………… 220

part **1**

Excelの心得

Excelは気軽に使える反面、気をつけなければいけ
ないこと、やってはいけないことがあります。
Part1では、Excelを使う前に心がけることをまと
めました。
Excelをはじめて使う方や、Excelに苦手意識を持っ
ている方は、まず本書のPart1を読んでみましょう。

Lesson1. part1 Excelの心得
我流でExcelを使わない。
基本からExcelを勉強する。

「なんとなく……」でExcelは使わない

　Excelは便利なソフトです。

　だからこそ、「なんとなく……」で使えてしまいます。

　あなたも何かしらの用途で、Excelを使用しているのではないでしょうか。この「なんとなく使える」というのが、実はExcelを使う上で危険な考えなのです。なんとなくで使ってしまうと、"なんとなく程度"にしかExcelを使えません。

　Excelをしっかり知ることで、あなたにとって便利な機能や、仕事の効率を上げる方法が見つけられます。

　だからこそ、Excelを我流でやってはいけません。

Excelを使う目的とは？

そもそも、あなたはなぜ、Excelを使うのでしょうか？

なぜ、本書を手にして、Excelを勉強しようとしたのでしょうか？

それは、Excelが仕事で使えるツールだからではないでしょうか。

ビジネスパーソンにとって、仕事の様々な場面で活用しているExcel
は、必要不可欠な存在です。

つまり、Excelを使いこなせるようになれば、必然的に仕事の効率も、
仕事の質も上がり、あなたの人生の質すらも上げることになるかもしれま
せん。

とはいえ、一朝一夕ではExcelを使いこなせないことも事実です。

だからこそ、Excelを勉強しましょう。

漫然と使うのではなく、目的意識を持ってExcelの"使い方"を勉強し
ます。

たとえば、本書を読んで勉強いただくことも、セミナーに通って知識を
得ることも、Excelの使い方の勉強です。

また、勉強したExcelの"使い方"を仕事上で活用できるように、日々
心がけていきましょう。

本やインターネットの情報を鵜呑みにしない

Excelを勉強する上で気をつけなければならないのは、本やインター
ネットの情報を、ただ鵜呑みにすることです。

本やインターネットは、様々な立場から情報を紹介しています。

したがって、自分に適した情報かどうかというのは、しっかりと読んで
みないとわかりません。

一通り読んで試してみて、その上で自分がほしい情報かどうかというの
を判断していきましょう。

本書も例外ではなく、勉強の1つとしてとらえていただければ幸いです。

Lesson2. part1 Excelの心得
Excelソフトを買ってはいけない。Office 365 Soloを買う。

Excelソフトを買う

　Excelを使うには、通常、PCにExcelをインストールします。

　1つの方法はソフトを買うことです。最新のExcel（Office）のバージョンは、「Microsoft Excel 2019（2019年8月現在)」であり、Excel 2019の新機能で目立つものは、次のとおりです。

- 関数
- アイコン、グラフ
- 翻訳

　Excel 2016をお使いの方は、急いで買い替える必要はありません。
　一方、これからExcelを使うという方は、ソフトの購入はおすすめしません。

Excelを契約する

「……でも、Excelのソフトを買わないで、どうやってExcelが使えるの？」と疑問に思われるかもしれません。

実際は、「買う」というよりも「契約する」という形で、「Office 365 Solo」というサービスを契約すれば、Excelを使うことができます。

「Office 2019（Office Home & Business 2019、Office Personal 2019)」と、「Office 365 Solo」の大きな違いは、主に支払方法にあります。

まず、日本のMicrosoft Storeが発表しているOffice 2019（家庭向け）の参考価格は、次の2つになります（2019年8月現在）。

■ **Office Home & Business 2019**　37,584円（税込み）
■ **Office Personal 2019**　32,184円（税込み）

Office 2019の場合、これらの永続ライセンスをどちらか購入すれば、永続的にOfficeのアプリケーションが使用できます。その一方、バージョンが新しくなったときや、サポートが終了したときは、買いなおさなければなりません。

次に、Office 365 Solo（家庭向け）の参考価格は、下記のとおりです（2019年8月現在）。

■ **Office 365 Solo**　1,274円／月（税込み）
　　　　　　　　　　　12,744円／年（税込み）

Office 365 Soloは、月間または年間で契約して、月々または年間での支払いをすることで、Officeを使います。

Office 365 Soloは、Office 2019とは違い、ソフトを新たに買ってインストールする手間がかかりません。PCを買い替えた場合にも、Office

365 Soloであれば、PCをインターネットにつなぎ、Office 365 Soloのサイトにログインしてから、ダウンロードとインストールするだけで使えるようになります。

また、DropboxやOneDriveなどのクラウドサービスを使って、Excelファイルのデータを保存しておけば、ファイルの移行も楽です。

Office 365 Soloのほうが新しい

Office 365 Soloには、最新の機能が常に追加されており、Excelにもその都度、便利な機能が追加されています。

Office 365 SoloとOffice 2019を比べると、Office 365 Soloにあっても、Office 2019にはない機能もあるのです。Office 365 Soloでは、Office 2019が発売される以前から、前述した関数、アイコン、グラフなどの機能もすでに使えるようになっていました。

私はOffice 365 Soloを契約しているので、最新の機能を日頃から活用しています。

もちろん、"新しい機能が必須"というわけではありませんが、本書を手に取られた方ならば、「Excelの使い方を学んで、さらに上達したい！」と考えられているはずです。

「上達したい」のであれば、新しい機能にいち早く触れておきましょう。Office 365 Soloは自動的に更新され、いつのまにかメニューが増えていたり、メニュー名が変わったりしていることもあります。本書執筆中にも、ピボットテーブル周りのメニュー名が変わっていました。戸惑うかもしれませんが、この変化に慣れましょう。変化に対応することも、上達には欠かせないことです。

また、Office 365 Soloなら、Excelだけではなく、WordやPowerPointを使う際も、新しい機能が使用できます。

Lesson3. part1 Excelの心得

Excelを使うときはキーボードを見てはいけない。タッチタイピングを練習しよう。

キーボードを見てはいけない

　Excelを使うとき、キーボードは欠かせない存在です。
　初心者でも、キーボードのキーに書いてある文字を見れば、セルに文字を簡単に入力することはできるでしょう。
　しかし、初心者こそ**キーボードのキーを見ながら打ってはいけません。**
　なぜならば、結果的にExcelを習得する上で効率が悪くなるからです。

タッチタイピングの必要性

　「タッチタイピング」とは、キーボードを見ないで入力することをいいます。
　これはExcelに限らず、WordやPowerPointなどを使う際も、必要になるPCの基本です。

初心者の中には「キーボードを見ないで入力することなんかできるの？」と思われる方がいるかもしれません。

それでは、キーボードを見ながら、「Excel」と文字入力する人の動きを次に見てみましょう。

このとき、タイピングをミスした場合や入力する場所が違っていた場合、もう一度入力をやり直さなければいけませんが、入力ミスをしているかどうかは、画面を見るまでわかりません。

画面を見ないで打つのは効率が悪いのです。また、キーボードを見ながら入力し、変換する場合、変換結果を必ず確認しなければならないので、「キーボード→画面→キーボード」と無駄な動きが生じます。

一方、キーボードを見ないで入力する場合、PCの画面を見ながら「Excel」をどこに入力しているか、正しく入力できているか、と目視確認で入力します。

間違った入力をすれば、すぐに気づくわけです。

このようにキーボードを見ないということは、「画面とキーボードに視線を切り替える時間」、そして「入力する場所と入力するものが正しいかをチェックする時間」を短縮できます。

タッチタイピングが"できる""できない"は、ほんのわずかな違いに感じるかもしれません。しかし、その違いが積み重なると確実に、個人のExcelを操作する時間に大きな差が生まれてきます。

タッチタイピングを練習するには

　タッチタイピングするのは、AやBといった文字だけではありません。
　キーボードの右側にあるEnter（エンター）キーはもちろんのこと、左側にある、Ctrl（コントロール）キー、Shift（シフト）キー、Alt（オルト）キー、Esc（エスケープ）キーも見ずに押せるようにしておきましょう。タッチタイピングは、どのキーをどの指で押すか、両手の指をすべて使えるかどうかも大事です。特に気をつけたいのは小指です。左小指で、Tab（タブ）キー、Ctrlキー、Escキー、右小指でEnterキーといったキーボードの左端・右端のキーを押せるように意識しましょう。やや難易度は上がりますが、数字キー、ファンクションキー（キーボード上部のF1、F2といったキー）もタッチタイピングできるようにしたいものです。

Enterキー、ファンクションキーのタッチタイピング

　タッチタイピングができるようになるには、たとえ目の前の時間を失おうとも、キーボードを見ないで入力する練習が必要です。キーボードを見ながら入力していると、いつまでたっても上達しません。

　最初のうちは、タッチタイピングの練習時間を明確に決めておくのもいいでしょう。

　たとえば、「仕事でメールを書くときは、タッチタイピングをする」「TODOリストやメモをつくるときは、タッチタイピングをする」といった形です。また、時間で区切るのであれば、「午前中はタッチタイピングの練習をする」「午後はタッチタイピングをする」という方法もあるでしょう。その中で、タイピング練習ソフトやインターネットのタイピング練習サイトを利用するなど、楽しみながらタッチタイピングを覚えていきましょう。

タッチタイピングができればショートカットキーも使える

　タッチタイピングができるようになると、ショートカットキーも使えるようになるというメリットがあります。

　逆に言えば、ショートカットキーを使うためには、タッチタイピングが欠かせません。

　ショートカットキーとは、2つ以上のキーを組み合わせて操作するものです。

　Ctrl＋C（コピー）だと、CtrlキーとCを同時に押します。

　タイミングとしては、Ctrlキーを少し早めに押すイメージです。

　また、アクセスキーといわれる2つ以上のキーを順番に1つずつ押すものもあります。

　たとえば、Alt→E→L→Enter（Excelのシート削除）だと、Alt、E、L、Enterと1つずつ押していきます。

　こういったショートカットキーやアクセスキーを使うには、タッチタイピングが欠かせません。

キーを見ながら入力していると、時間や労力もかかるので、ショートカットキーやアクセスキーにまで意識が向かないからです。タッチタイピングが苦手であれば、$\boxed{Ctrl}$＋$\boxed{C}$（$\boxed{Ctrl}$キーと$\boxed{C}$を同時押し）でコピーするときに、$\boxed{Ctrl}$キーと$\boxed{C}$を瞬時に押せませんし、$\boxed{Alt}$→$\boxed{E}$→$\boxed{L}$→$\boxed{Enter}$（$\boxed{Alt}$、$\boxed{E}$、$\boxed{L}$、$\boxed{Enter}$と押す）でシートを削除するときに、まず$\boxed{Alt}$キーを瞬時に押せません。

結果、マウスで操作したほうが速いと考えるようになってしまいます。

音声認識入力の可能性

タッチタイピングではなく音声認識入力を使うという方法もあります。

しかし現状、WindowsのExcelに音声認識入力することは難しいでしょう。

Windowsの純正の音声認識入力は、それほど性能がよくないからです。

しかしながら、文章を書くならば、PCのGoogleドキュメントを、Google Chromeで使うという方法があります。

本書もほとんどの部分を音声認識入力で書きました。

音声認識入力のほうが速く書けるのですが、慣れも必要でやはりトレーニングが必要です。

また、音声認識入力は完璧ではありません。修正は必要です。その修正はタイピングでやりますので、タッチタイピングの技術というのは、音声認識入力が使いやすくなり、メインになったとしても必要です。

今からでも、タッチタイピングをしっかり練習しておきましょう。

Lesson4. part1 Excelの心得
Excelは保存せずに使ってはいけない。自動保存、上書き保存する。

Excelは急に固まって、終わることがある

　Excelを使っていて、固まって、操作できなくなってしまったことはないでしょうか。

　固まってしまうと、Excelを強制終了するしかありません。

　Ctrl＋Shift＋Esc（Ctrl、Shift、Escを同時押し）で、タスクマネージャーを開き、Excelを右クリックして［タスクの終了］で終了させましょう。

　そして、Excelは強制終了することもあります。強制終了したときは、原則として最後に保存したデータからやり直しです。Excelはデータを保存せずに使ってはいけません。

20

● タスクマネージャー

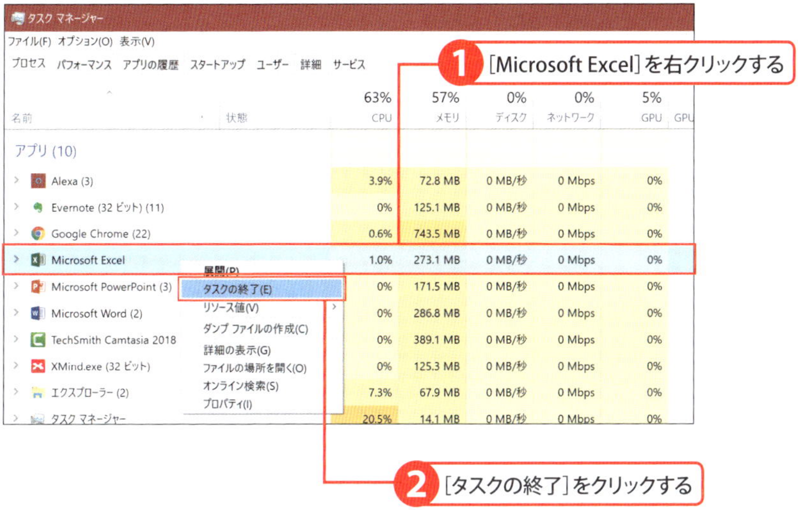

① [Microsoft Excel]を右クリックする

② [タスクの終了]をクリックする

上書き保存の癖をつけよう

　時間を無駄にしないために、Excelのデータは保存する癖をつけましょう。ただ、その保存に手間がかかっていては、面倒くさくなり、ついつい忘れてしまいます。

　そこで、保存は Ctrl + S でやりましょう。

　これならちょっとした合間に保存できます。

新規ファイルをつくるときには注意

　新規のExcelファイルをつくるときには注意しましょう。

　上書き保存をしていないと、基本的には保存されません。

　新規ファイルを立ち上げたら（Ctrl + N）、まず F12 を押しましょう。

　F12 を押すと、次ページの図のように［名前を付けて保存］のダイアログボックスが表示されますので、［名前を付けて保存］できます。

Lesson **4**
Excelは保存せずに使ってはいけない。自動保存、上書き保存する。

part **1**
Excelの心得

21

自動保存の設定を変えておこう

　強制終了の場合も保存されたファイルは、Excelを立ち上げたときに左側のウィンドウに［ドキュメントの回復］と表示されますので、その中から選択して、［名前を付けて保存］しておきましょう。

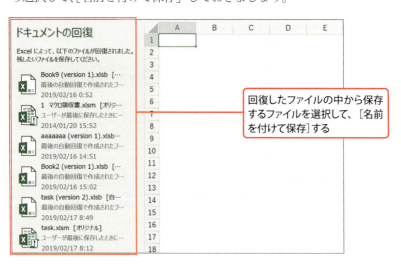

ただし、拡張子が「.xlsb」の場合は、Excelファイルに付く拡張子である「.xlsx」（マクロファイルの場合「.xlsm」）で保存しておかなければいけません。

また、ファイルがすでにあるとき、同じ場所（フォルダー）に同じ名前で保存するとエラーが出るので、別の場所にひとまず保存しておき、既存のファイルと入れ替えましょう。

Excelには、自動で保存できる設定もあり、標準設定では、10分ごとに保存されるようになっています。

10分ごとでは間隔が空きすぎますので、[Excelのオプション（Alt→T→O）]で[保存]をクリックして、[次の間隔で自動回復用データを保存する]にチェックを入れ、==自動保存のタイミングを「1分ごと」にしておきましょう。==

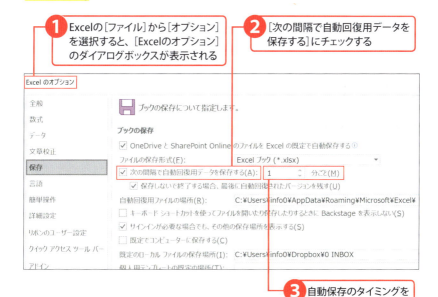

❶ Excelの[ファイル]から[オプション]を選択すると、[Excelのオプション]のダイアログボックスが表示される

❷ [次の間隔で自動回復用データを保存する]にチェックする

❸ 自動保存のタイミングを「1分ごと」にする

また、同じく[Excelのオプション]の[既定のローカルファイルの保存場所]をよく使う任意のフォルダーにしておくと便利です。

[名前を付けて保存]をするときに、そのフォルダーが開きます。

Lesson5. part1 Excelの心得
Excelファイルをメールでやりとりしてはいけない。PDF・共有を使う。

Excelのやりとり

Excelファイルをメールで送ることもあるでしょう。

メールに添付して送れば、相手先もそのExcelを活用できます。ただ、相手先がデータをExcelとして使わないときは、Excelで送る必要はありません。

むしろ、Excelで送ることはやってはいけません。

ExcelをPDFにして送る

Excelの納品書、請求書、文書などを送るだけならPDFにして送りましょう。

なぜならPDFであれば、PDF編集ソフトがなければ加工できないからです。受け取る側の環境にも左右されません。

Excelのままだと、ページの区切り、数式、出したくない情報（他のシート）まで相手に伝わる可能性もあります。

　また、Excelで請求書等の資料を送るのは、はずかしいことでもあります。相手が変更する必要がないときは、変更できない形で送るものです。したがって、<mark>PDFで送りましょう。</mark>

　ExcelをPDFにするには、［ファイル（または F12 キー）］から［名前を付けて保存］を開き、フォルダーを指定してから、［ファイルの種類］を「PDF」にして Enter を押します。

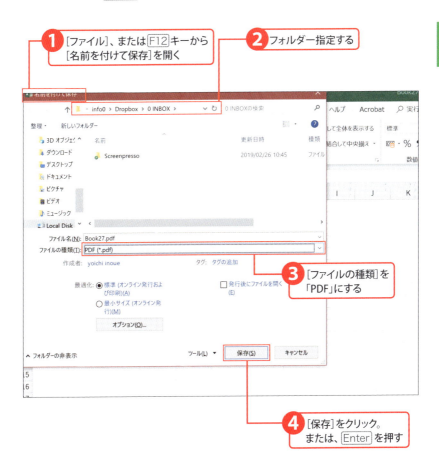

Excelを共有する場合

　Excelのまま共有し、お互いがそれぞれ編集する可能性があるなら、クラウドサービスを使いましょう。

　クラウドサービスにはMicrosoftのOneDriveもありますが、共有するだけであれば、多くの人が使っている、使い勝手のいいDropboxをおすすめします。

　Dropboxのウェブサイトによると、個人向け料金プランは次のようになります（2019年8月現在）。

■ Basic　　　　　　無料／月　容量：2GB
■ Plus　　　　　　 1,200円／月　容量：2TB（2,048GB）
■ Professional　　2,000円／月　容量：3TB（3,072GB）

　Excelを共有する場合、お互いがDropboxに登録して、アプリケーションをダウンロードし、インストールします。そして、共有設定したフォルダーにExcelファイルを入れると、共有できるようになります。

　たとえば、AさんとBさんがExcelファイルを共有した場合、AさんのPCでExcelファイルを変更した結果は、AさんのPCがインターネットにつながったときに、Dropboxに反映され、BさんのPCがインターネットにつながっていればBさんのPCのExcelファイルにも反映されます。逆も同様です。

ただし、Excelファイルを同時に開いたり、編集したりすると、編集結果が競合し、2つのファイルができてしまうこともあるので気をつけましょう。Dropboxを使えば、ファイルのやりとりの手間、どのファイルが本物なのかわからない、どのファイルが最新なのかわからない、というトラブルも防げます。また、Dropboxはクラウド上に保存しているので、ファイルのバックアップにもなります。いざ、PCが壊れても、新しいPCでDropboxの設定をすれば、保存しているデータをダウンロードできるのです。誤って削除してしまった場合にも役立ちます。そして、そのバックアップファイルは、履歴も保存されているので、前のバージョンに戻すこともできます。誤って上書き保存してしまった場合に便利です。

Excelで同時に編集したい場合は、OneDriveを使わなければいけません。OneDriveに保存したExcelファイルなら、同時編集ができます。

同時編集ができることを重視するのであれば、==Excelではなく、Googleスプレッドシートもおすすめです。==

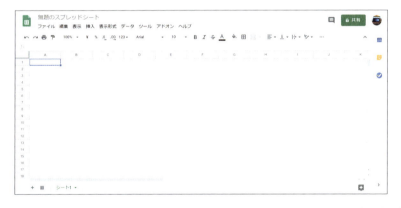

Googleが提供するサービスで、Googleアカウントがあれば無料で使うことができ、主にブラウザで使い、共有、同時編集が簡単にできます。Excelとは操作が異なるところもありますが、Excelを使っていれば無理なく使える程度です。

Googleスプレッドシートのデータは、コピーしてExcelに貼り付けることもできますし、Excel形式でダウンロードすることもできます。

Lesson6. part1 Excelの心得
資料は紙でもらってはいけない。データでもらう。

Excelでは紙の資料を加工できない

　Excelは、データを加工することはできますが、紙の資料をExcelで加工することはできません。

　資料を紙でもらっていては、紙を見てデータを入力する手間がかかります。

　資料を紙でもらってはいけません。

資料はデータでもらう

　資料をもらうときに最も好ましいのは、Excelファイルでもらうことです。

　Excelファイルをもらえば、そのままデータを使うことができます。

　ただ、CSVファイルというものもExcelで扱えます。CSVとは、「Comma

Separated Values（カンマで区切られた値）」で異なるソフトでデータをやりとりするときに使うファイル形式です。

ExcelからCSVデータにすれば、他のソフトで使うことができ、他のソフトからCSVデータにすれば、Excelで使うことができます。また、インターネット上のサービス、たとえば、インターネットバンキング、カード決済会社、クレジットカードデータなどは、CSV形式でデータをダウンロードすることもできますし、ダウンロードできない場合でも、選択して、コピーして貼り付ければ、Excelで加工できることもあります。

ソフトからつくったPDFであればほとんどの場合、PDF上でデータを選択して、コピーできます。しかし、スキャンしてPDFにしたものは、データとしてほとんど扱えません。

資料は可能な限り、CSVデータやExcelデータでもらうように心がけましょう。

Excelでつくっているデータをプリントアウトして、それを受け取っている場合も多いのです。従来の慣習から、「データで渡すのではなく、きちんとプリントアウトしてから渡すべき」「データで渡すことが失礼」だと思われているケースもあります。

そうではなく「データこそが嬉しい」ということをきちんと伝えましょう。

手書きで資料をつくっている方に、PCでつくったデータをいただくようにお願いするのは難しいかもしれませんが、それでも、さらりと「データでいただけないでしょうか」と一言伝えてみましょう。

==データをつくるところから手間がかかっていては、Excelの効率化はなかなか進みません。==

ましてやデータを打ち込むことに時間を取られて、長時間働いたり、Excelを勉強する時間が取れなかったり、Excelを使う暇がなかったりすることは絶対に避けましょう。

Lesson 7. part 1 Excelの心得
なんでもExcelでつくってはいけない。他のソフトも利用する。

Excelはなんでもできる

　Excelは、表をつくる、計算する、資料をつくるなど、様々なことができます。だからこそ、つい多くのことをやってしまいがちです。とはいっても、やることによっては、Excelよりも他のソフトのほうが適している場合もあります。なんでもかんでもExcelでやってはいけません。

文章ならWord

　たとえば、文章を書くならExcelよりもWordを使ったほうが楽です。文章を入力するための、便利な機能がたくさんあります。Excelでも文章を書くことはできますが、やはり長い文章であるとWordのほうが断然便利です。1枚の文書、お知らせ程度ならExcelでもつくることはできますが、文章を書く場合は、Wordで書くことを意識しましょう。

プレゼン資料はPowerPointでつくる

プレゼン資料をExcelでつくるかどうか。

もちろん、表やグラフをメインにしたものであれば、Excelでもつくることはできます。ただ、プレゼン資料、スライドであれば、PowerPointを使ってつくったほうが楽です。また、PowerPointにExcelでつくった表やグラフを貼り付けることもできます。

Excelで請求書をつくるかどうか

Excelで請求書をつくることはできます。しかしながら、Excelマクロの機能を使わないと効率的にはできません。したがって、請求書ソフトを使ったほうが便利な場合もあります。また、クラウド会計ソフトやMisocaなど、ブラウザで入力、またはデータをアップロードすれば請求書を簡単につくることができ、郵送もできるサービスがあります。

会計ソフトもExcelでできる

経理の基礎的なデータはExcelでつくっても構いませんが、最終的な決算書をつくる上では、やはり会計ソフトを使ったほうが便利です。もちろん、Excelで決算書をつくることができないわけではありませんが、案外、難しいものです。ただ、簡単な集計や分析については、Excelのほうが会計ソフトよりも使い勝手がいいので、会計ソフトのデータをExcelで加工して使うという方法を試してみましょう。

たとえば、次のようなことができます。

■ 会計ソフトから売上データを取り出し、Excelでグラフをつくる
■ 会計ソフトから仕訳データを取り出し、Excelで詳細に集計する
■ 会計ソフトから仕訳データを取り出し、Excelで検索し、分析する

Lesson8.
part1 Excelの心得
無理にマクロを使ってはいけない。ExcelですむならExcelでやる。

Excelマクロは便利だが大変

　Excelマクロ（VBA）とは、プログラムを書いてExcelを動かす機能です。

　ExcelでAlt+F11（Alt キーとF11キーを同時に押す）を押すと起動するVBE（Visual Basic Editor）に、次のプログラムを書いて、実行します。

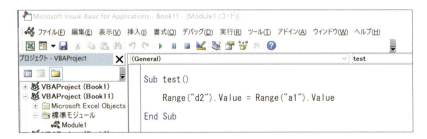

マクロの実行はVBEのプログラム上で F5 キーです。

```
Sub test()

    Range("d2").Value = Range("a1").Value

End Sub
```

すると、セルA1から、セルD2へ、データを転記してくれます。

さらに工夫すれば、データがいくつあろうと、自動的に転記してくれるのです。

Excelとマクロは同時に学ぶ、学べるものですので、その意味で、本書でも取り上げています。

しかしながら、Excelマクロは、プログラムの書き方を覚えて、プログラムを書いて実行して、エラーが出たら修正する必要があり、Excelマクロの敷居がExcelよりも高いのは事実です。

無理にマクロは使わないようにしましょう。

マクロを使わないほうが簡単

Excelマクロだと苦労するものが、Excelだと簡単にできることも多いです。

たとえば、Excelマクロでデータを集計するなら、Excelのピボットテーブルを使ったほうが、楽でミスもありません。

また、「罫線を引く」「データを1行おきに色をつける」などは、Excelのテーブル機能を使えば簡単に変更できます。

マクロはExcelが苦手なことに使う

もし、Excelマクロを使うのであれば、Excelが苦手なことに使うようにしましょう。

Excelが苦手なこととは、次のことです。

- 1枚のシートから複数のシートへ転記すること
- 複数のシートから1枚のシートに集めること

Excelマクロを使わなくてすむようにする

Excelマクロを無理に使わなくてすむような工夫も必要です。たとえば、Excelが苦手とする「複数のシートから1枚のシートに集める」で、Excelマクロを使わなくてすむように、Excelではできる限り1枚のシートにデータを入れるようにします。

そうすれば、Excelマクロを使わなくてすむわけです。

月別にシートを分けて売上データを入れるよりも、同じシートに入れておけば、「複数のシートから1枚のシートに集める」というExcelマクロを使う必要はありません。

ExcelとExcelマクロの使い分け

Excelの機能を使うべきといっても、どこまでをExcelでやり、どこからをExcelマクロでやるのかの判断は難しいものです。効率化したいことがあれば、まずは、Excelの機能でもExcelマクロでも調べてみましょう。どちらも体験してみなければ使い分けはできません。

part **2**

「Excelファイル」の
やってはいけない

Part2では、Excelファイルに関して気をつけておきたいことをまとめました。

Excelはファイルを開くときから、効率の"いい""悪い"があります。

また、Excelファイルを見ただけで、Excelスキルの度合いがわかります。

そのファイルでは、入力しにくかったり、受け取った人が使いにくい形式だったり、ひょっとすると相手に迷惑をかけているかもしれません。

確認してみましょう。

スタートから Excelを開いてはいけない。タスクバーを使う。

スタートからExcelアイコンを探さない

タスクバーにExcelアイコンを置く

Excelを開く方法

　Excelを使うには、Windowsの場合、画面左下のWindowsアイコンをクリックして、Excelのアイコンを探して、クリックするという方法で開くことはできますが、この方法でやってはいけません。Excelは使用頻度が高いので、もっと楽に使える方法を選びましょう。

スタートにExcelアイコンを置く

　Windowsでは ⊞ (Windows) キーを押すとメニューが開きます。

　このメニューを［スタート］といい、この［スタート］を開いてすぐのところに、Excelアイコンがあれば、もっと速くExcelを開けます。

　左側のメニューからExcelのアイコンを右クリックして、［スタートにピン留めする］を選んでみましょう。

［スタート］の右側にExcelのアイコンが表示されます。もともと［スタート］にある不要なアイコンは、右クリックして［スタートからピン留めを外す］で削除しましょう。

さらに、おすすめの方法もあります。

タスクバーにExcelアイコンを置く

画面下部にあるタスクバーを使ってExcelを開きましょう。

通常、Excelを開いていると、タスクバーにExcelのアイコンが表示され、Excelを閉じるとアイコンが表示されなくなります。

タスクバーにExcelアイコンを常に置くには、Excelを開いている状態で、タスクバーのExcelアイコンを右クリックして［タスクバーにピン留めする］をクリックします。

Excelを閉じてもアイコンがタスクバーに残るので、次にExcelを使うとき、スタートを開かなくても、タスクバーのアイコンをクリックすれば、Excelを開けるようになります。

また、このタスクバーのアイコンはショートカットキーに対応しています。「⊞キー+1」「⊞キー+2……」と押せば、タスクバーの左側のアイコンから位置に対応するソフトが開きます。

［最近使ったアイテム］から開く

　Excelを起動すると、［最近使ったアイテム］が表示されます。この表示は使用日が新しい順です。このとき、ファイル名の右にあるピンのアイコンをクリックすると、ファイル自体を［ピン留め］、つまり常に表示することができ、次に開くときはタスクバーのアイコンを右クリックして、［ピン留め］をクリックすれば、そのファイルをすぐに表示することができます。

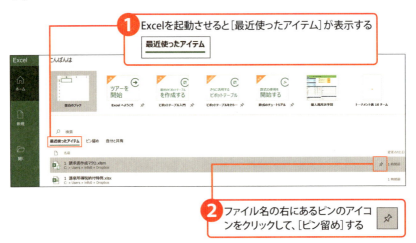

検索して開く

　ファイルは検索して開くこともできます。⊞キーを押すと、画面左下の検索窓にカーソルが移動するので、キーワードを入力し、該当のファイルを選んで、Enterキーを押すと、ファイルが開きます。検索ですぐ見つけられるように、わかりやすいファイル名をつけましょう。

エクスプローラーから開く

ファイルを一覧で見るなら、エクスプローラー（⊞キー+E）を使います。エクスプローラーのリボンで［表示］→［詳細］または、エクスプローラー右下のアイコンをクリックして、詳細表示にしておけば、「更新日時」「種類」「サイズ」などでソートができて、便利です。

Lesson10.
part2
「Excelファイル」の やってはいけない

デスクトップには
ファイルを置かない。
ファイルの置き場所を必ず決める。

デスクトップにファイルを保存

　ExcelファイルをPCのデスクトップに保存すれば、見やすくてわかりやすいかもしれません。しかし、デスクトップに**ファイルを保存してはいけません。**

デスクトップにファイルを置くデメリット

　デスクトップにファイルを置くと、まず見た目がよくありません。
　他人にファイル名を見られる可能性がありますし、プレゼンやセミナーでお客様の気が散る可能性もあります。
　PCで何かするときには、ソフトを開くはずです。デスクトップはそのときには見えません。開いているソフトの後ろに隠れてしまいます。デスクトップにあるファイルは見えないためわかりにくく、クリックするには、

そのソフトを動かさなければいけなくなり、手間がかかります。

　デスクトップにファイルがあるということはわかりやすいようで、決してそうではないのです。

ファイルの置き場所を決める

　ファイルを保存する場合、デスクトップ以外に置き場所を決めましょう。

　通常は標準設定として、ドキュメントフォルダーが保存場所として準備されています。

　私の場合は、Dropboxフォルダーがファイルの置き場所です。

　Dropboxを使えば、インターネット上にデータファイルが保存されるので、他のPCや他人のPCともデータが共有できます。

仮の置き場所をつくる

　ファイルの仮の置き場所をつくっておくと便利です。

　ひとまずはそこに入れておき、整理してから保存フォルダーへ移動したほうが整理整頓しやすくなります。

　私は仮のフォルダーに「Inbox（受信箱）」とつけて、毎日つくったすべてのファイルをそのフォルダーに保存します。

　そして、翌日に整理し、必要なものはファイル名をつけ、保存フォルダーに移動し、不要なものは削除します。

　メールの添付ファイルや、ブラウザでインターネットからダウンロードしたファイルも、このInboxにするように設定できます。

　ファイルを正しい置き場所に置く前に整理しておくという考えです。しかしながら、ファイルの整理をその都度やろうと思ってもなかなかうまくいきません。翌朝でも当日の仕事終わりでもかまいませんので、整理はまとめてやるようにしてみましょう。

ファイル名は適当につけない。整理整頓する。

内容がわからないファイル名

内容がわかるファイル名

ファイル名をつけて保存

ファイルには名前、ファイル名が必要です。
この**ファイル名を適当につけてはいけません。**
内容がわからないファイル名や、似たようなファイル名が複数あると、探す手間がかかり、仕事の効率も落ちます。

ファイル名のルールを決める

ファイルを入れるフォルダーは、多用しないようにしましょう。フォルダーを使うと、A社というフォルダー、B社というフォルダーにそれぞれ、「請求書5月」というファイルが複数できる可能性があります。違うフォルダーなら同じファイル名にできるからです。

- **A社というフォルダーにある「請求書5月」というファイル**
- **B社というフォルダーにある「請求書5月」というファイル**

「請求書5月」でファイルを検索すると、候補に上記の2つが出てきてしまいます。検索はファイル名が対象ですので、同じファイル名だとうまく見つけられません。

検索を使うために、具体的なファイル名をつけておきましょう。

具体的なファイル名とは、さきほどの例で説明すると、「A社　請求書5月」「B社　請求書　5月」というものです。

「仕事の内容　取引先名」といった、シンプルかつ固有のファイル名をつけてみましょう。

ファイル名に日付はいらない

ファイル名に日付は必要ありません。

エクスプローラーで詳細表示すると、作成日付や更新日付はわかります。日付には、「作成の日付」「更新の日付」「そのファイルの対象となる日付（2019年など）」があり、どれをファイル名にするか混乱してしまいます。

それなら、最初から日付をファイル名に入れないようにするのが得策です。入れるとしても、年度や年くらいでしょう。

なお、年を入れるなら西暦がおすすめです。

元号だと変わる可能性があり、現状「平成」と「令和」が混ざっている状況でしょう。できる限り西暦で統一しておくと混乱がありません。

Lesson 12.
part 2 「Excelファイル」のやってはいけない

月別にファイル、シートを分けてはいけない。1枚のシートに入れる。

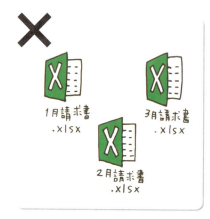

ファイル、シートは便利

　Excelはファイル、シート、セル、という構成です。
　ファイルの中には複数のシートを持つことができ、そのシートのセルにそれぞれデータを入れることができます。
　ファイルごと、シートごとにデータを分けておくとわかりやすいかもしれませんが、データの処理上、手間がかかります。==データは月別にファイル、シートを分けてはいけません。==

Excelが苦手なこと

　Excelが苦手なことは、ファイル、シートに分かれたデータを処理することです。
　複数のファイルやシートに分かれているデータを効率的に1つにするに

は人手によるか、Excelマクロしかありません（203ページの「取得と変換」という機能はあります）。

　ファイルやシートが分かれていると、一見、効率がよさそうに思えますが、実際は違います。

ファイルを1つに、シートを1つにする

ファイルは極力1つにまとめましょう。

　前述の例だと、「A社　請求書　5月」「B社　請求書　5月」ではなく、「請求書」というファイルがあれば、すみます。

　1枚のシートに請求書データがあれば、一覧できますし、集計も簡単です。209ページのピボットテーブルでの集計もできます。

　複数シートのデータを集計しようとしたら、それを1つにまとめるか、シートごとに集計したものを再度集計しなければなりません。

　Excelの効率化は、データのつくり方で決まります。

　請求書をつくる場合、1枚のシートに請求データがあれば、その1枚のシートから複数のシートへマクロで処理したり、そのデータを請求書ソフトや会計ソフトに取り込んだりすることができます。

　月別のファイルやシートが本当に必要かを考え、年で1つにできないか考えてみましょう。

　2019年1月、2019年2月、2019年3月……、と別々のファイルやシートにするのではなく、2019年（または期、年度）という1つのシートにデータを入れたほうが管理が楽です。

45

Lesson13. part2 「Excelファイル」のやってはいけない
Excel方眼紙を使ってはいけない。紙ではなくデータとしてExcelを使う。

Excel方眼紙だと、データとして利用できない

入力しやすく、データとして使える

Excel方眼紙とは

　Excelの特徴でもあるセルは、レイアウト上不便な場合もあります。

　たとえば、B列のセルの幅を狭くすると、1行目から最後の行まで、すべてのセルは狭くなるわけです。

「セルB1は狭くてもいいけれど、B2には文字をもっと入れたい」という場合、セルの縦と横を同じサイズにして、方眼紙にするとレイアウトがしやすくなります。

　これが、「Excel方眼紙」です。

　とはいえ、このExcel方眼紙を安易に使ってはいけません。

なぜ、Excel方眼紙がダメなのか？

　Excel方眼紙がすべてダメなわけではなく、その方眼1つひとつのセル

に文字を1文字ずつ入れてしまうことがダメなのです。信じられないようですが、こういった事例はまだあります。こうしてしまうと、入力するときも大変です。「東京都」と入力するところを、「東」「京」「都」と1文字ずつ入力しなければいけません。

	A	B	C	D	E	F	G	H	I	J	K
1	郵便番号										
2				-							
3	住所										
4	東	京	都								
5											
6											
7											
8	氏名										
9											
10											

「東京都」と連続で入力できない。
「東」「京」「都」と1文字ずつ入力する

　さらに、このデータは再利用できないことが問題です。
「東京都」と入っていれば、再び利用できますが、「東」「京」「都」だと、1文字ずつをつなげないと再利用できません。
　数字でも同様です。
　たとえば、1000という数字が、1つずつ、「1」「0」「0」「0」と入っていると、計算に使うことはできません。

データという意識を持つ

　なぜ、Excelに入力するのかを考えてみましょう。手書きよりきれいだからではありませんし、手書きを清書するためでもありません。データとして使うためです。Excel方眼紙に入力すると、データとして使えません。だからこそ方眼紙を使ってはいけないのです。

Lesson14. Excelファイルの切り替えは マウスでやってはいけない。
part 2
「Excelファイル」の やってはいけない
Ctrl + Tab を使う。

Excelファイルの切り替え

　複数のExcelファイルを開いた場合、マウスを使えばファイルを切り替えることができます。マウスでクリックすればウィンドウを切り替えることができ、マウスをドラッグすればその配置を変えることもできます。しかし、マウスを使うと手間がかかるので、やってはいけません。

Ctrl + Tab を使う

　マウスでExcelのウィンドウを操作しようとすると手間がかかります。そんなときは、Ctrl + Tab を使いましょう。
　Ctrl + Tab でExcelのウィンドウを切り替えることができ、そのときに開いているウィンドウを順番に切り替えます。Ctrl + Shift + Tab だと逆順にウィンドウを切り替えることもできます。

48

Alt + Tab を使う

Ctrl + Tab は、Excelの中でのウィンドウの切り替えでした。

一方で、Alt + Tab であれば、Excel以外のソフトも切り替えることができます。

● Alt + Tab を押して、ウィンドウを切り替えているところ

ブラウザ、Word、PowerPointなどのアプリケーションを開いていても、順番に切り替えることができます。Alt キーを押しながら、Tab を押すたびに、選択しているウィンドウが切り替わります。

この場合 Ctrl + Tab とちょっと違い、Alt キーを押しながら、Tab を押して、目当てのウィンドウを選択した時点で Alt キーから手を離すと、そのウィンドウを選択できます。

Alt + Tab は、画面上で今開いているアプリケーションの一覧を確認できるので、Ctrl + Tab よりも便利です。また、逆順に切り替える場合は Alt + Shift + Tab を使いましょう。

Lesson15. Excelのウィンドウは マウスで揃えてはいけない。
part 2 「Excelファイル」のやってはいけない
Alt → W → A を使う。

Excelのウィンドウの仕組み

　Excelのウィンドウは、マウスで揃えることもできます。マウスでウィンドウを小さくして、そのウィンドウをマウスで動かし、位置を調整する方法です。しかし、マウスだとウィンドウの位置調整に手間がかかるので、これもやってはいけません。

Alt→W→Aを使う

　Excelのウィンドウを揃えるには、Alt→W→Aの順番で押していくと、［ウィンドウの整列］というダイアログボックスが出てくるので、「並べて表示」にチェックがついているかを確認してから、Enterキーを押します。この操作を使えば、一瞬にして開いているExcelウィンドウが整列します。

ファイルをたくさん開きすぎていると、ウィンドウの表示が非常に小さくなるので、不要なウィンドウを最小化、または閉じてから、再度 Alt → W → A を押してから、Enter キーを押してみましょう。こうすると、ウィンドウはきれいに整列されます。

● Alt → W → A → Enter でウィンドウを整列

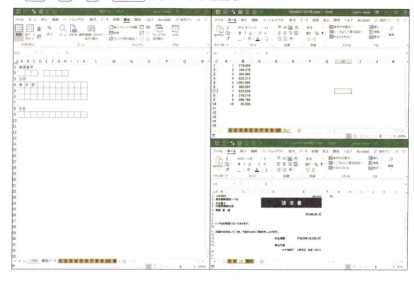

Windowsの機能でウィンドウを揃える

Windowsには、ウィンドウを揃える機能があります。

■キー＋←を押すと左側に揃えることができ、■キー＋→を押すと右側に揃えることができます。

2つのアプリケーションのウィンドウを左右に揃えたいときは、Alt ＋ Tab を使い、揃えたいウィンドウを選択して、■キー＋← で左に揃え、もう1つのウィンドウを Alt ＋ Tab で選択して ■キー＋→ で右に揃えると、次ページの図のようにきれいに揃えることができます。

● ⊞キーで整列

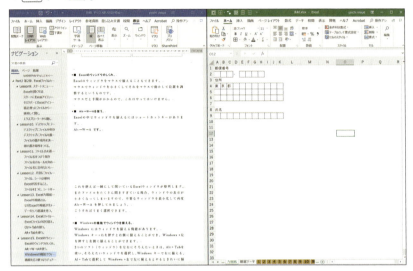

　こうすると、1つのアプリケーションを見ながら、別のアプリケーションが操作でき、また別のアプリケーションにデータをコピー&ペーストできます。

　Excelならば、次のようなことに使ってみましょう。

■ PDFを見ながら、Excelで資料をつくる
■ Excelを使いながら、PowerPointで資料をつくる
■ Excelでデータを参照しながら、メールを打つ
■ ブラウザを見ながら、Excelで資料をつくる
■ Excelファイルを左右に開きながら、資料をつくる

画面を広く使うならば、デュアルディスプレイ

　画面をもっと効率的に使うのであれば、デュアルディスプレイがおすすめです。デュアルディスプレイとは、PCにもう1つのディスプレイを接続して、画面を広く使うものです。

Lesson 15 Excelのウィンドウはマウスで揃えてはいけない。 Alt→W→A を使う。

　ノートPCなら、HDMI端子（またはアダプタ）に、ディスプレイをケーブルでつなぐことで簡単に使えるようになります。
　⊞キー＋Pキーを押すと、「その画面をどう使うか」を設定ができます。
　［複製］だと、ディスプレイにPCの画面をそのまま映し出すだけですので、［拡張］を選びましょう。［拡張］だと、PCとディスプレイの2画面を使えます。

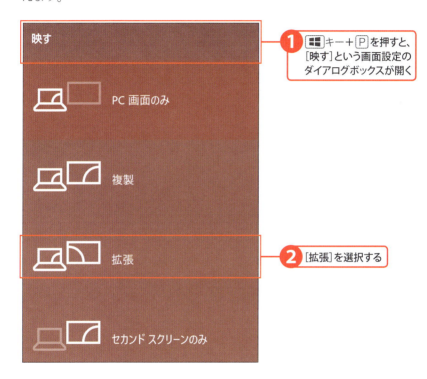

❶ ⊞キー＋Pを押すと、［映す］という画面設定のダイアログボックスが開く

❷ ［拡張］を選択する

　この場合でも⊞キー＋→、⊞キー＋←を使うことができます。
　画面が大きくなればなるほど、マウスの移動範囲は広くなり、使い勝手が悪くなります。
　だからこそ、ショートカットキーの操作は、ぜひ覚えておきましょう。

part 2 「Excelファイル」のやってはいけない

53

無駄な空白シートはつくらない。空白シートは即削除する。

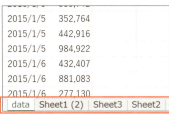

無駄なシートがたくさん入っている　　無駄なシートはなく、シンプルで見やすい

Excelのシートのメリット

　Excelファイルは、シートで構成されています。

　このシートは通常1枚であり、自由に増やすことができます（古いバージョンのExcelだと3枚です）。

　とはいっても、無駄なシートをつくることはやってはいけません。

不要なシートは削除

　Excelの中に無駄なシートがあると、どのシートを使えばいいか混乱します。見た目もよくなく、大事なデータがあっても見ていただけない可能性がありますし、自分が使う場合はもちろん、他人が使う場合も誤解する可能性があるでしょう。

　Excelの古いバージョンには、シートが3枚ありました。

3枚のうち1枚しか使わなくても、2枚はそのまま残っていたわけです。最新のバージョン（2019年8月現在）では、シートは1枚です。

「無駄なシートは削除する」「使わないシートは削除する」といったことを心がけて、Excelは使いましょう。

シートの削除

シートを削除するには Alt → E → L → Enter です。

Alt → E → L を押すと「このシートは完全に削除されます。続けますか？」というメッセージが出ます。

シートを削除した場合、［元に戻す（ Ctrl ＋ Z ）］は使えないので、このような警告が出ます。

警告が出たときに、 Enter キーを押せば削除されます。

したがって、シートを削除する場合には、 Alt → E → L → Enter というショートカットキーを覚えておくと便利です。

複数のシートを削除する場合は、複数のシートを選択して Alt → E → L → Enter を使いましょう。

Ctrl キーを押しながら、シートを1つ選択し、 Shift キーを押しながら、たとえば3枚目のシートを選択すれば、1枚目から3枚目のシートを連続して選択できます。

この状態で Alt → E → L → Enter を押せば、まとめてシートを削除できます。

また、シートをコピーした場合、無駄なシートができやすいので、気をつけましょう。

Lesson17.
part 2 「Excelファイル」のやってはいけない

データには空白行をつくってはいけない。データは詰めてつくる。

データに空白行が入っている　　データに空白行がない

空白行があると、見やすいけれど……

　データを見やすくするために、空白行をつくることがあるかもしれません。

　確かに、空白の行をつくると区切りがわかって、見やすいかもしれませんが、Excelでデータを扱う以上、やってはいけません。

Excelにとっての空白の意味

　Excelは、空白行に大きな意味を持っています。空白行があると、データがそこで終わっていると考えます。

　Excelの空白行が影響するのは、次のようなときです。

　[Ctrl]と 方向キー を押すと、データの端まで一瞬で移動でき、たとえば、1行目から100行目までデータが入っているときに、[Ctrl]＋[↓]を押

すと、100行目を選択します。

　しかし、78行目に空白行があった場合、Excelは77行目で選択してしまいます。なぜならば、Excelは「78行目にはデータが入っていないから、77行目でデータは終わり」と判断して、「データの端=77行目」と処理するからです。

❷ データが100行目まで入っていても、78行目に空白行が入っているため、Excelは77行目がデータの端として処理する

70	2015/1/10	604113 周辺機器
71	2015/1/10	182581 スマホ
72	2015/1/10	974973 ノートパソコン
73	2015/1/10	103924 スマホ
74	2015/1/11	912927 周辺機器
75	2015/1/11	108730 周辺機器
76	2015/1/11	558788 タブレット
77	2015/1/11	324880 ノートパソコン
78		
79	2015/1/12	707284 周辺機器
80	2015/1/12	846525 スマホ
81	2015/1/12	363978 デスクトップパソコン
82	2015/1/12	430890 ノートパソコン
83	2015/1/12	718949 スマホ

❶ 78行目に空白行が入っている状態で Ctrl + ↓

　人間の感覚と、Excelの処理は異なることがあり、==Excelを使うならば、Excelに合わせるべきです。==

　「Excelは融通が利かない」と怒ってもしかたがありません。

　その代わり、人間とは違い、間違いなく操作を繰り返し行ってくれるのがExcelです。

　空白があると「テーブル」「ピボットテーブル」「グラフ」「オートフィルター」などを使うときにも困るので、空白は入れないようにしましょう。

57

Lesson18. part2 「Excelファイル」のやってはいけない
列・行を非表示にしてはいけない。アウトラインを使う。

行が非表示になっている

アウトラインを使う

Excelの列と行

Excelは列（A、B、C……）と行（1、2、3……）で成り立っており、この列と行は、一時的に非表示にすることもできます。

列や行を選択して、右クリックし、［非表示］で表示しないようにすることができますが、**Excelの列と行の非表示はやってはいけません。**

列、行、シートの非表示のデメリット

Excelの列や行を非表示にしても、データ自体は存在しています。そして、列や行が非表示だと、思わぬミスを起こしやすくなります。

特に、自分以外の方がExcelファイルを使うときには、要注意です。非表示の行にデータがあることに気づかず、計算を間違えたり、データをコピーしたときに非表示のデータを正しくコピーできなかったりするなどの

ミスに発展しますので、列や行の非表示はやめるようにしましょう。

同様に、シートの非表示も禁止です。

印刷範囲を工夫

Excelの列や行を非表示にする意味としては、プリントアウトするとき
にその列や行を入れたくないという場合もあるでしょう。

そうであれば、プリントアウトの範囲（印刷範囲）にプリントアウトし
たいものだけを入れて、それ以外の計算やチェックに使う列や行は印刷範
囲外に置くという方法があります。こうしておけば列や行を非表示にしな
くてすみ、わかりやすいものです。

アウトライン機能を使う

列や行を非表示にせずに、アウトライン機能を使いましょう。アウトラ
イン機能とは、列や行をグループ化して、表示・非表示を切り替えられる
機能です。たとえば、日付ごとにグループ化して、特定の日付を非表示に
する、データ全体をグループ化して、小計のみ表示する、月のデータを四
半期ごとにグループ化して、四半期計のみ表示することができます。

アウトライン機能は行や列を選択して、Alt + Shift + ← (→) で使
えるものです。隠したい行を選択して、このショートカットキーを使っ
て、操作しましょう。すると、その行は見えなくなりますが、行の左端を
みれば、アウトライン表示であることがわかります。+ （プラス）キーを
押せば現れて、- （マイナス）キーを押すと隠れます。このようにアウト
ラインだと、一目でこの行や列は、一時的に隠れているというのがわかり
ます。もちろん、次ページの図のように、行を非表示にした場合でも「5、
6、7」の次が「12」になっていたら、「8、9、10、11」が隠れているのは
わかりますが、パッと見ただけではわかりにくいものです。

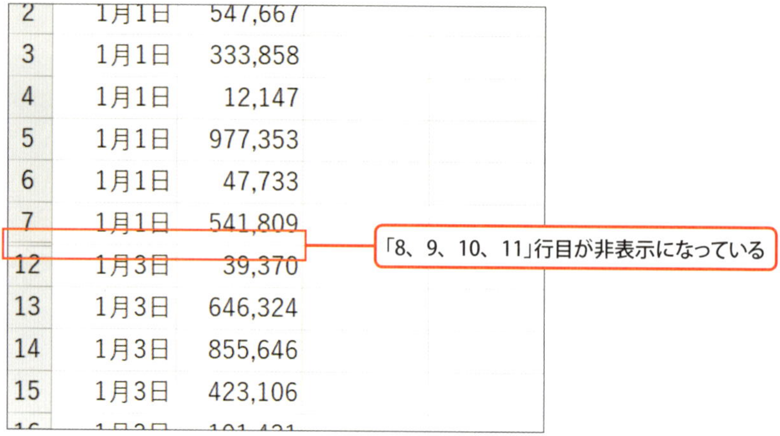

2	1月1日	547,667
3	1月1日	333,858
4	1月1日	12,147
5	1月1日	977,353
6	1月1日	47,733
7	1月1日	541,809
12	1月3日	39,370
13	1月3日	646,324
14	1月3日	855,646
15	1月3日	423,106
16	1月3日	101,431

「8、9、10、11」行目が非表示になっている

　次の図のようにアウトラインを使うと、一瞬見ただけで「アウトライン
を使っている」とわかりやすいので、こちらのほうがおすすめです。

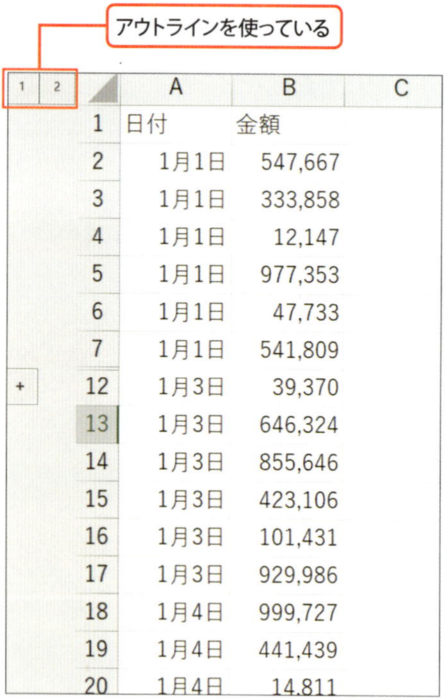

アウトラインを使っている

	A	B	C
1	日付	金額	
2	1月1日	547,667	
3	1月1日	333,858	
4	1月1日	12,147	
5	1月1日	977,353	
6	1月1日	47,733	
7	1月1日	541,809	
12	1月3日	39,370	
13	1月3日	646,324	
14	1月3日	855,646	
15	1月3日	423,106	
16	1月3日	101,431	
17	1月3日	929,986	
18	1月4日	999,727	
19	1月4日	441,439	
20	1月4日	14,811	

Lesson19.
part2 「Excelファイル」のやってはいけない

タイトル行を各ページにつくってはいけない。ページレイアウト設定、テーブルを使う。

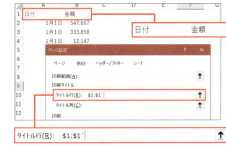

むやみにデータ内にタイトルを挿入しない

ページ設定を変えて、すべてのデータにタイトル表示させる

行タイトルのメリット

　データの1行目にタイトルがあると、データは見やすくなります。そのタイトルを1行目以外のページが切り替わる場所や、スクロールして見える場所にコピーして挿入するという手もありますが、むやみにデータ内へのタイトル挿入をやってはいけません。

　手間もかかりますし、データ上の見栄えもよくないからです。

プリントアウトの場合の行タイトル

　タイトル行を各ページに表示して、プリントアウトしたいのであれば、ページ内の設定を変える方法があります。リボンの［ページレイアウト］→［印刷タイトル］をクリックし、［タイトル行］で該当する行を選択して、行のタイトルを設定してみましょう。たとえば、1行目をすべてのペー

ジに印刷したいなら、[タイトル行]で1行目を指定します。[タイトル行]の右にあるアイコンをクリックすると、Excel上で行を選択できるようになりますので、マウスで選択しましょう。

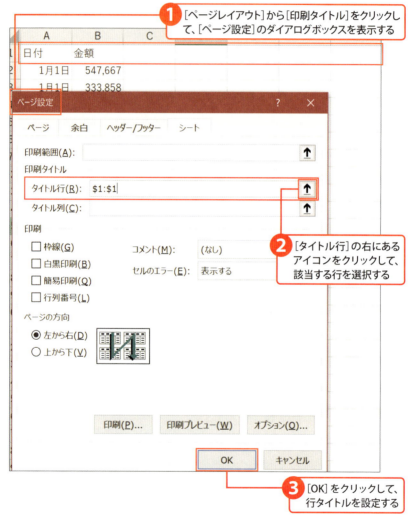

この設定をすれば、すべてのデータにタイトルが表示されるので、いちいちコピー&ペーストしなくてもいいです。印刷プレビュー（[Ctrl]+[P]）で、ページの表示を切り替えて確認してみましょう。

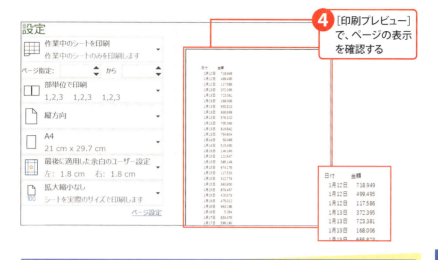

④ [印刷プレビュー]で、ページの表示を確認する

表示する場合の行タイトル

　また、プリントアウトせず、画面上に行タイトルを常に表示したいときには、「ウィンドウ枠の固定」機能を使って、行を固定表示することもできますが、私自身は**Excelのテーブル機能**をおすすめします。

　テーブル機能とは、Excelのデータを扱うときに便利な機能で、「デザインの変更（塗りつぶしの色、線など）」「オートフィルター」「行の見出し（1行目）を固定して表示」などができます。テーブルは Ctrl ＋ T → Enter （ Ctrl キーと T を同時に押し、表示されるダイアログボックスで、「先頭行をテーブルの見出しとして使用する」にチェックが入っていることを確認して Enter キーを押す）でつくることができます。これを使う癖をつけておくと、データ処理が効率化されます。

Lesson20. part2「Excelファイル」のやってはいけない

データは一番下まで入れてはいけない。ファイルサイズに気をつける。

タスク管理.xlsx	7 KB	2019/02/24 9:20
月次報告書作成マクロ.xlsx	7 KB	2019/02/24 9:20
顧客データ.xlsx	5,164 KB	2019/02/24 23:0
請求書.xlsx	7 KB	2019/02/24 9:20
売上データ.xlsx	7 KB	2019/02/24 9:20

ファイルサイズが大きいと起動に時間もかかり、仕事の効率が悪くなる

タスク管理.xlsx	7 KB	2
月次報告書作成マクロ.xlsx	7 KB	2
顧客データ.xlsx	8 KB	2
請求書.xlsx	7 KB	2
売上データ.xlsx	7 KB	2

ファイルサイズが適度なサイズだと起動も速く、仕事の処理は速くなる

Excelのデータ数

　Excelは104万8576行まで、データを入れることができます。これだけの行数があれば、あらゆるデータを入れることができるはずです。とはいっても、データを1番下まで入れてしまうと、ファイルサイズが大きくなってしまいます。数式が入っていれば、なおさらサイズは大きくなるものです。

　ファイルサイズが大きくなると、ファイルを開くのにも時間を取られ、処理にも時間がかかり、何よりPC内に保存するとSSDの容量を多く使ってしまいます。ファイルサイズは必要以上に大きくしてはいけません。

データを入れているつもりがなくても、サイズを確認

　Excelにデータを一番下まで入れて使うことは、ほとんどありません。しかし、そういった状況に意図せずになることもあるのです。

　たとえば、データのはるか下の方に空白やデータが入っていると、そこまでデータがあるとみなされ、Excelのファイルサイズが大きくなります。「起動や処理が遅いな」と感じたら、まずはファイルサイズを確認しましょう。

　ファイルサイズを確認するには、エクスプローラー（⊞キー＋E）で詳細表示します。

　このサイズが、「1,000KB（キロバイト）＝1MB（メガバイト）」を超えると、注意しましょう。

スクロールバーを確認

　Excelファイルを開いたとき、右側のスクロールバーが小さくなっていれば、無駄にデータが入っているということです。

スクロールバーでデータの量を確認する

このファイルを修正するには、データの入っている範囲を選択して、別のシートにコピーし、もともとのシートは削除しましょう。

すると、余計なデータが入っている部分はなくなり、右側のスクロールバーも大きく表示されるようになります。

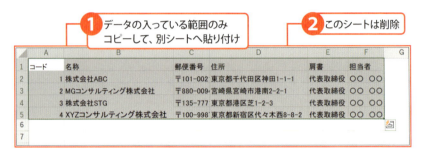

上記の処理をする前は、9,289KBでしたが、処理後は、10KBになりました。

●処理前

名前	サイズ
Book3.xlsx	9,289 KB

●処理後

名前	サイズ
Book3.xlsx	10 KB

ファイルサイズは常に意識する

ファイルサイズは、常に意識しておきましょう。

Excelファイルを開くときや操作しているときに、時間がかかると思ったら、ファイルサイズをエクスプローラーで確認してみましょう。ファイルサイズが小さくても時間がかかる場合は、PC自体にトラブルが起きている可能性もあります。PCは消耗するものです。

Lesson21.
part2
「Excelファイル」の
やってはいけない

プリントアウトを意識してはいけない。画面上でも確認できる仕組みをつくる。

プリントアウトのデメリット

　Excelでつくった資料やデータを、プリントアウトして、確認することもあるでしょう。

　しかし、プリントアウトを意識しすぎると、Excel上でのデータや資料のつくり方を無意識に制限します。

　画面上で確認する癖をつけ、==プリントアウトを意識しすぎてはいけません。==

集計結果のみをプリントアウト

　たとえば、1万行のデータをプリントアウトすると、膨大な手間とコストがかかります。実際、プリントアウトするのは、集計結果があれば十分です。

　データは画面上で見たり、検索したり、フィルターをかけたりして、チェックするようにしましょう。また、画面上で確認するのであれば、大

きめのディスプレイが欠かせません。

「PCのディスプレイを大きくする」「デュアルディスプレイを使う」などの工夫をしましょう。

印刷範囲を指定する

　プリントアウトする範囲は設定できます。膨大なデータでも、プリントアウトの範囲を設定しておけば、必要なデータ以外をプリントアウトすることはありません。

　改ページプレビュー（Alt→W→I、またはExcel右下のアイコン）を使うと調整しやすくなります。

　また、標準の表示にする([元に戻す])には、Alt→W→I または、Excel右下のアイコンをクリックしてください。

　改ページプレビューは、プリントアウトする場合、Excelデータのどこまでが1枚のページにおさまるかどうかを確認でき、マウスでドラッグすることにより、プリントアウトの範囲を広げることができます。プリントアウト範囲を広げると、文字は小さくなりますので、注意しましょう。

●改ページプレビュー

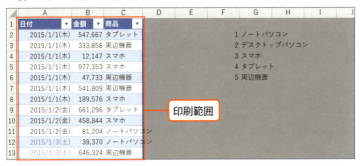

Lesson22.
part2
「Excelファイル」の
やってはいけない

統合を使ってはいけない。データを1つのシートに集める。

Excelの「統合」機能を使わない

1枚のシートにデータを集める

「統合」で異なる表を合計

　Excelには、「統合」という機能があります。

　この機能は、たとえば異なる3つの表を統合して集計できます。

　項目の順番は問いません。また、場所も自由で、別々のシートでもかまいません。

　設定方法は、リボンの［データ］タブから［統合］を選び、範囲を指定して、［追加］を表ごとに繰り返します。

　データの「上端行」と「左端列」にチェックを入れて、Enterを押すと、指定した場所に「鈴木」「山田」「佐藤」のシートにある3つの表の合計がでます。

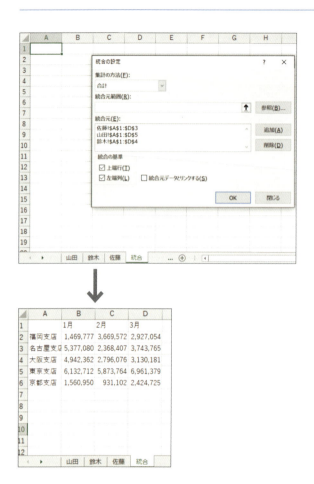

確かに、この機能は一見便利ですが、使ってはいけません。

そもそもデータをきれいに

そもそも、「統合」を使うような状況は好ましくありません。

統合を使えば、上記のように、支店、月別の表はつくることができますが、「鈴木」「山田」「佐藤」といった担当者別、支店別の表はつくることはできませんし、各担当者の明細を1枚の表で表示することもできません。それならば、データを1枚のシートに集めるようにしておけば、209ページのピボットテーブルも使うことができます。

Lesson23. part2 「Excelファイル」のやってはいけない

紙の資料を再現してはいけない。データで確認する習慣をつける。

紙の資料のように、空白や罫線を入れたフォーマットは使わない

罫線は必要ない

紙の資料そのままに

　Excelでセルや罫線を使えば、紙の資料をそのまま再現することもできます。たとえば、紙の「現金出納帳」や伝票も再現できます。

　意味がなく、無駄なことですので、紙の資料を再現してはいけません。

紙の資料のままのフォーマットは必要か？

　もちろん、空白や罫線を入れて「紙の資料のままのフォーマットを忠実に再現する」という手もありますが、手間がかかりますし、データとして扱いにくくなります。

　Excelのインプットは、すべてデータとして使うという意識を持ちましょう。

現金出納帳なら、シンプルな形でかまいません。数値と文字さえあれば、問題ありません。

紙の資料のフォーマットを保つことは、データとして使うときには意味がないのです。

紙を再現するために、空白を入れるとデータ処理するときに、効率が悪くなります。Excelは空白があると、そこでデータが終わりととらえるため、正しく処理できず、ミスが起こる可能性もあります。決して見やすいわけではなく、ミスの可能性もあるので、紙の資料のフォーマットは必要ありません。

見た目を気にするならば、テーブル機能を使いましょう（テーブルについては80ページ参照）。

罫線はいらない

Excelに罫線を引くのにも、手間がかかります。

Excelにはセルがあり、その薄い線があるため、データとして確認するのであれば、それで十分です。プリントアウトするとしても、線がなくても数字は確認できます。髪の資料の線は、手書きだからこそ必要なもので、まっすぐに書くために引かれていることも多く、PCでつくる資料には必要ないものです。

紙を意識しすぎると、罫線にもこだわって時間をかけてしまいがちですので、罫線は引かないようにしましょう。もし、既存のファイルに罫線があれば、Ctrl＋Aのショートカットキーで全体を選択して、Ctrl＋Shift＋□で、罫線はすべて消えます。罫線をいったん消して、必要な部分にのみ引くようにしましょう。

Lesson24.
part 2 「Excelファイル」のやってはいけない
Excelでアンケートをつくってはいけない。Googleフォームを使う。

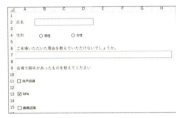

Excelでアンケートはつくらない

Googleフォームでアンケートをつくる

Excelでアンケート用紙

　上の左の図のように、Excelでアンケートをつくることができます。

　しかしながら、アンケートの作成・入力や集計の手間がかかるので**Excelでアンケートをつくってはいけません**。

アンケートの作成・入力の手間

　Excelでアンケートをつくるには、次のような方法を使えば、できないことはありません。

- 罫線を引く
- テキストボックスを使う

  （リボンの［挿入］→［テキストボックス］）
- チェックボックスを使う

  （リボンの［開発］→［挿入］→［フォームコントロール］の
  ［チェックボックス］）

　しかし、その手間はそれなりにかかります。リボンの［開発］タブは、
［Excelのオプション（[Alt]→[T]→[O]）］の［リボンのユーザー設定］で
設定しなければ出すことができません。

　また、Excelでつくったアンケートは入力しやすいとはいえません。

　入力に手間がかかり、郵便番号で、ハイフンが入っていたり、電話番号
で、かっこが入っていたりすると、入力しにくくなります。

　これも手書きの名残ですので、なくしたいものです。

郵便番号　　　　　－	
電話番号　（　　）　　－	

アンケートのデータを活用できない

　また、Excelでつくったアンケートフォームに入力してもらったとして
も、それらのデータを活用することはできません。

　結局は、印刷して集計したり、Excelに入力しなおしたりしなければなり
ません。せっかくアンケートをデータでとることができるのに、これでは
データの意味がありません。これは申込書でも同じです。申し込みいただい
たデータを蓄積しようとしても、単に入力したデータでは活用できません。

アンケートはGoogleフォームでつくる

　解決策としては、無料で使える「Googleフォーム」でアンケートをつ
くりましょう。Googleフォームとは、アンケートフォーム、入力フォーム、

申し込みフォームが作成できる、Googleが提供しているサービスです。

ブラウザ上で、Googleフォームを使ってアンケートをつくり、そのリンクを該当者に送ることができます。

● 「Googleフォーム」でアンケート作成

そのリンクをクリックして、入力してもらうと、グーグルのExcel、Googleスプレッドシートにデータが蓄積されるのです。

● Googleスプレッドシート

このように、アンケートが簡単に作成できるのであれば、Excelを使う必要はありません。

また、Googleスプレッドシートのデータは、Googleスプレッドシートで集計できるのはもちろん、コピーして使い慣れたExcelに貼り付けてそれを集計することもできます。

part **3**

「見た目」の
やってはいけない

Excelシートは見た目も大事です。
「自分だけにわかりやすい」という見た目よりも、「誰に
見せてもわかりやすい」というシンプルな見た目を心
がけて、シートをつくりましょう。
ちょっとした工夫で、シートの見た目はガラッと変わ
るものです。
色、罫線、資料など、Excelシートの見た目でやっ
てはいけないこと、気をつけたいことについてまとめ
ました。

Lesson25. part3 「見た目」のやってはいけない
罫線は必要以上に引かない。
罫線がなくても見やすくする。

罫線が多すぎる

罫線が少ない

罫線で見やすく

　Excelのセルには、「罫線」という線を引くことができます。
線を引くことによって、表を見やすくするわけです。
　しかしながら、線を引けば見やすいというわけではありませんので、安易にやってはいけません。

罫線は本当に必要か？

　自分が画面上で見るだけであれば、罫線は必要ありません。
セルには線が引いてありますので、それで十分わかります。
　また、表をつくってすぐに罫線を引いてしまうと、コピーや切り取りをしたときに、罫線が崩れてしまうので、罫線を再度引かなければいけません。

二度手間にならないためにも、罫線を引くときは、最後に引くようにしましょう。

一方、プリントアウトしたとき、「罫線があるから見やすい」というわけでもありません。

罫線だらけの表だとメリハリがつかず、余計に見づらいこともあります。

罫線は、ポイントだけに引きましょう。

セルの幅やフォントを工夫すれば、罫線がなくても見やすくなるものです。

テーブルなら罫線いらず

そして、テーブル機能を使えば罫線を引かずして、シートを見やすくできます。

テーブルは、自動的に線や色をつけてくれ、コピーや挿入、削除しても、シートのデザインが崩れることはありません。また、自動的に好きな色に変えることもできます。

テーブルのつくり方は、80ページにまとめました。是非、テーブルも使ってみましょう。

	A	B	C	D
1	支店名	2月	3月	
2	福岡支店	2,336	3,443	
3	東京支店	3,427	2,303	
4	大阪支店	2,690	1,364	
5				

テーブル機能を使えば、自動的に線や色をつけてくれる

Lesson26. part3 「見た目」のやってはいけない
1行おきに色をつけてはいけない。テーブルを使う。

手動で1行おきに色をつけない　　　テーブル機能を使う

1行おきに色をつける

　1行おきに色をつけると、Excelのデータは見やすくなります。

　ただ、手動で1行おきに色をつけていては非効率です。Excelの昔のバージョンでは、1行おきに色をつけるのにマクロや条件付き書式を使わざるを得ませんでした。しかし、これらの方法を使うと、行を削除、挿入したときに、1行おきの色つけのパターンが崩れてしまいます。もう、マクロや条件付き書式で1行おきの色つけをやってはいけません。

テーブルで1行おきに色をつける

　Excelのデータで、1行おきに色をつけるのであれば、テーブル機能を使えばすみます。

　データを選択して、Ctrl + T → Enter（CtrlとTを同時押し、その

後Enter）でテーブルになります。このテーブルの色を変えるのであれば、テーブルを選択して、リボンの［テーブルツール］→［デザイン］の［テーブルスタイル］を選択します。

　これで好きなように色を変えることができます。

　濃い色だと見づらいので、薄い色との組み合わせ、または線だけのものを選んでみましょう。

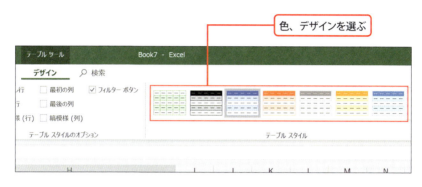

　このテーブルを使っておけば、行を挿入したとしても、データを追加したとしても、その色のパターンを守ってくれます。

　たとえば、次のように、白、青、白、青となっているところで、27行目に行を挿入すると、

　これまで27行目だった行は、28行目で青となり、27行目は白になります。

色は多用してはいけない。
シンプルにつくる。

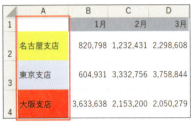

Excelシートに色をつけすぎない　　　　Excelシートはシンプルにつくる

Excelをカラフルに

　Excelは、セルや線に色をつけることができます。

　とはいえ、「様々な色をつけたからシートが見やすくなる」というわけでもありません。

　色をつけすぎると見づらくなるというケースもあります。

　むやみに色をつけてはいけません。

シンプルな色を使う

　Excelを使う方すべてが、デザインの専門家ではありません。

　だからこそ、シンプルなものをつくりましょう。

　凝った色を使う場合、たいていの人はバランスのいい配色を専門家のように決めることができません。

青や赤、緑や黄色など、いろんな色を混ぜてしまうと、シートが見にくくなります。

「同一系列の色にする」「同じ色だけを使う」といいでしょう。

また、他人がつくったファイルは、自分の感覚と色が合わない場合もあります。

その場合は、Ctrl + Aで全体を選択して、[テーマの色] の中の [塗りつぶしなし] を選べば、いったんリセットできます。

リセットしてから自分で色を選ぶと、ファイルがより使いやすくなります。

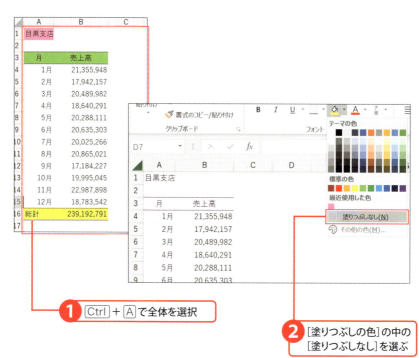

❶ Ctrl + A で全体を選択

❷ [塗りつぶしの色]の中の
[塗りつぶしなし]を選ぶ

Lesson 27 色は多用してはいけない。シンプルにつくる。

part 3 「見た目」のやってはいけない

83

Lesson28.
part3 「見た目」の やってはいけない

1つずつ色をつけてはいけない。条件付き書式を使う。

手動で色をつけない

[条件付き書式]で色つけする

強調するところに色をつける

　Excelは強調したいセルに色をつけるということができます。

　たとえば、「データ内の100万円より小さいものだけに色をつける」といったこともできるのです。

　色を繰り返しつけるのであれば、まず1つのセルに色を塗り、その次に同じように塗るときは F4 キーを押せば、直前の操作を繰り返すので、簡単に色を塗ることができます。

　または、 Ctrl キーを押しながら選択していくと、複数のセルを選択できるので、選択してから一括して色をつけるということもできます。

　しかし、人の目で見て、判断して色をつけてはいけません。

［条件付き書式］で自動的に色をつける

［条件付き書式］を使えば、文字通り"条件"によって書式を変えることができます。

［条件付き書式］を使えば一定の条件、たとえば100万円より小さい場合だけに色をつけることができるのです。

セルのデータを100万円以上にした場合、色はつきません。

手で1つずつ色をつけていたら、セルの全部に応じてその都度、手動で色を変えなければなりません。

さらに、新規で条件を満たすものが出てきたときにも、自分で色をつけなければならないです。

このような方法だとミスをする可能性もありますし、なによりも時間がかかってしまいます。

だからこそ、［条件付き書式］をぜひ使ってみましょう。

［条件付き書式］の使い方

［条件付き書式］で100万円より小さいセルに色をつける場合、範囲を選択して、リボンの［ホーム］タブ→［条件付き書式］の［指定の値より小さい］を選びましょう。

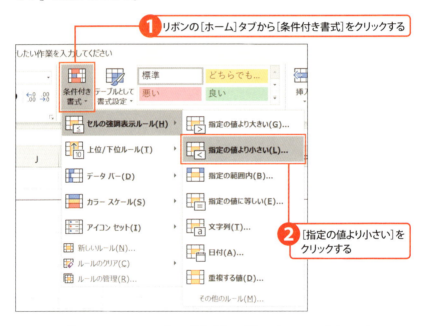

さらに、「1000000」を入力し、［書式］を選べば、100万円より小さいセルは自動的に色がつきます。

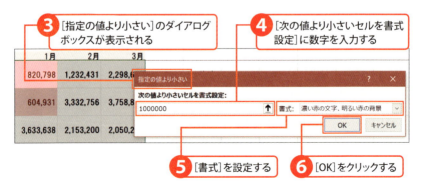

Lesson29.
part3
「見た目」の
やってはいけない

インデントをスペースで つけてはいけない。 インデント機能を使う。

スペースでインデントをつけない

インデント機能を使う

見やすくするためのインデント

　Excelで資料を見やすくするために、インデントをつけることがあります。インデントとは、セルの文字を1文字または2文字以上行頭から下げてみやすくするものです。

　インデントをつけるのに、スペースキーで空欄を入れるという方法もありますが、インデントをスペースでつけてはいけません。

インデント機能

　スペースでインデントを調整しようとすると、そのスペースが全角か半角か、またスペースの数でそのインデントが決まってしまいます。この方法だと、かえって不揃いになりやすいです。

　そうならないためにも、インデント機能を使いましょう。

範囲を選択して、Alt→H→6で、インデントを1つつけることができ、Alt→H→5を押せば1つ戻ります。

セルの文字を見やすくしたいときは、このインデントをつけてみましょう。

複数のセルを選択して、キーを押せば、まとめてインデントをつけることができます。

列でインデント

Excelの列を工夫して、インデントをつけることもできます。

たとえば、A列を見出しとして使い、列の幅を狭くし、B列に内容を入れると、B列はインデントをつけた状態になります。

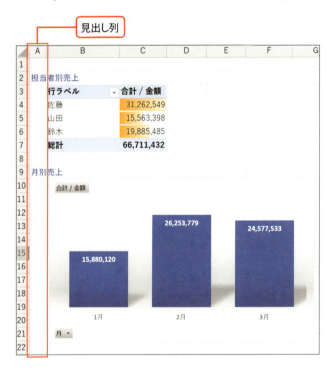

A列の書式を変更し、色を変えたり太字にしたりすれば、見出しをまとめて変更できるので便利です。

Lesson30. 曜日に色をつけてはいけない。条件付き書式を使う。

part 3 「見た目」のやってはいけない

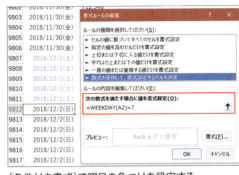

土日に手動で色をつけない

［条件付き書式］で曜日の色つけを設定する

土日に色をつける

　Excelは色つけができるので、たとえば"土曜日""日曜日"と曜日ごとに色を変えて、「土曜日は青」「日曜日は赤」と色をつけることもできます。ただ、1つずつ手でやっていては手間がかかりますし、ミスもしやすくなるので、やってはいけません。

［条件付き書式］で色をつける

　曜日によってセルに色をつけるには、［条件付き書式］を使いましょう。リボンのホームタブの、［条件付き書式］を選択し、［新しいルール］を選び、WEEKDAY関数を入れ、その結果が「7（土曜日）」の場合の色を設定します。

WEEKDAY関数は「=WEEKDAY(○)」で、○の曜日を「日曜日=1、月曜日=2……土曜日=7」と表示します。

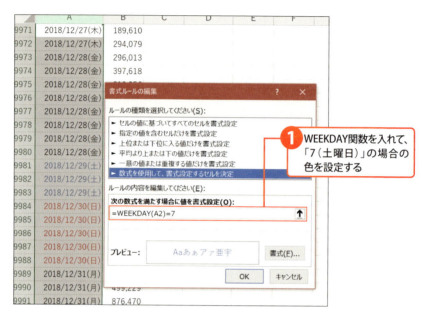

　もう1つは「WEEKDAY=1」で日曜日と設定します。

　こうすれば［条件付き書式］が自動的に色をつけます。加えて、祝日に色つけする場合は、祝日のリストも必要です。

③ 祝日に色つけする場合は、祝日のリストを用意する

祝日のリストもExcel内に準備し、[条件付き書式]で、次の図のように設定しましょう（シート「祝日」のA列に祝日リストがある場合）。

④ 祝日のリストもExcel内に準備し、[条件付き書式]で設定する

任意の休日、夏季、年末年始もリストに入れておけば、色を変えることができます。[条件付き書式]を使えば、人が目で見て色を変える必要はありません。[条件付き書式ルールの管理]で見れば、最終的には、土曜日、日曜日、祝日の3つが設定されていることがわかります。

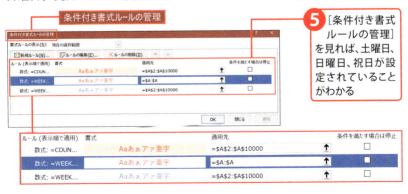

⑤ [条件付き書式ルールの管理]を見れば、土曜日、日曜日、祝日が設定されていることがわかる

Lesson31.
part3 「見た目」のやってはいけない

文字と数字だけで資料をつくってはいけない。グラフ・データバーを使う。

文字と数字だけの資料はダメ　　　　　資料はグラフを使う

文字と数字だけの資料はダメ

　資料をつくる際に、Excelでは簡単に表をつくることができます。

　ただ、文字と数字だけの資料をつくってはいけません。ぱっとみて理解しにくく、増えているのか減っているのか、どうすればいいのかがすぐにわからないからです。

グラフを使う

　　　　　　　　　　　　　　左の図をグラフで表現してみましょう。

92

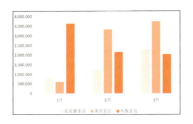

このようにグラフにすると、また違った見せ方ができます。

グラフのつくり方については95ページを参照してください。

データバーを使う

グラフを使わなくても［条件付き書式］の中には、［データバー］があります。［データバー］とは、セルの中で数字の大小をグラフ表示させる機能です。

範囲を選択して、リボンの［ホーム］タブの［条件付き書式］→［データバー］で好みの色を選ぶとできあがります。

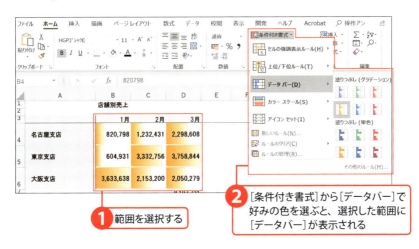

① 範囲を選択する

② ［条件付き書式］から［データバー］で好みの色を選ぶと、選択した範囲に［データバー］が表示される

ポイントは、選択した範囲のうち、最も大きな数値が［データバー］の最大値になることです。また、［データバー］の色は薄めにしたほうが見やすくなります。

スパークラインを使う

　推移を示す表なら、「スパークライン」も便利です。スパークラインとは、セルの中に表示できるグラフです。

　セルを選択して［挿入］→［スパークライン］で、セルの中にグラフを表示できます。

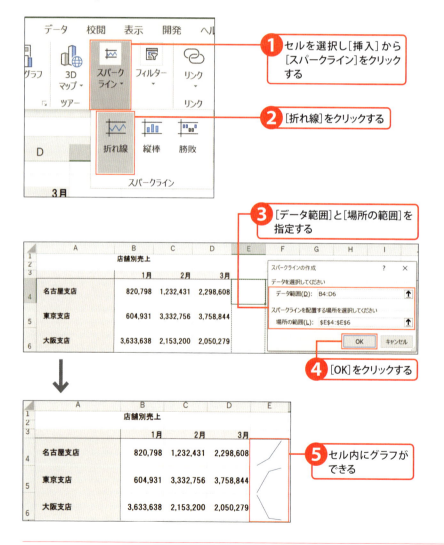

Lesson32.
part3
「見た目」のやってはいけない

グラフをリボンから
つくってはいけない。
Alt + F1 を使う。

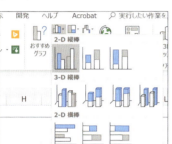

リボンの［挿入］から［グラフ］はつくらない

データを選択して、Alt + F1 を押すと
［棒グラフ］ができる

グラフのつくり方

　数字をグラフ化すると、パッとみて判断できるようになります。何よりも自分が見たときに、グラフのほうが直感的でわかりやすいものです。

　このグラフをつくるには、リボンの［挿入］→［グラフ］という方法がありますが、手間がかかるためこれをやっていけません。

Alt + F1 でグラフ

　グラフのデータを準備するときに、空白はないようにします。なぜならば、空白があるとデータから正しくグラフをつくることができないからです。

　グラフを使うには、グラフにしたいデータのいずれかのセルにカーソルを置き、Alt + F1 を押しましょう。

これだけで「棒グラフ」ができあがります。
「折れ線グラフ」や「円グラフ」は、この棒グラフを変更してつくりましょう。
　まず、「棒グラフ」をつくってから、このグラフを右クリックして、［グラフの種類の変更］をクリックして、［折れ線グラフ］か［円グラフ］を選びます。この操作方法だと、リボンを使った操作よりも早いです。

　また、グラフをつくるときは8割方、［棒グラフ］でかまいません。グラフは数字を比較するためにつくり、その数字の比較は［棒グラフ］で表示するのがもっともわかりやすいからです。
　どういうグラフにしようかと迷ったら、まず［棒グラフ］にし、推移を示したいのであれば［折れ線グラフ］、割合を示したいのであれば［円グラフ］という風に変えていきましょう。
　グラフをつくる際、「どういうグラフがいいか」「この場合はどういうグラフが好ましいか」といろいろと考えて、実験してみましょう。
　この実験の時間をつくるためにも、さっと「棒グラフ」をつくるという操作を身につけておきたいものです。

Lesson33.
part3
「見た目」の
やってはいけない

F11でグラフをつくってはいけない。通常シートにグラフをつくる。

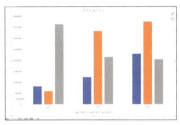

F11キーを押すとグラフが
シートとして表示される

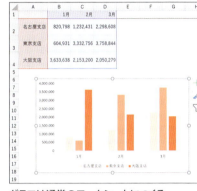

グラフは通常のワークシートにつくる

F11キーでもグラフはつくれる

　Excelのグラフは、F11キーを使っても簡単につくれます。

　しかし、このグラフはおすすめしません。

　F11キーを押すとグラフがシートとして表示されます。

　大きなグラフになるので見やすいのですが、プリントアウトしたときにグラフ1枚しか印刷ができず、他の表やデータと組み合わせることはできません。

グラフの場所

　グラフにはグラフ1枚だけのシートとしてつくられるものと、通常のシートの中につくられるものと、2つあります。

　原則としては、後者を使いましょう。

　通常のワークシートにグラフをつくるわけです。

　その場合、前述した Alt + F1 でグラフをつくります。

　シートにグラフがある場合、グラフと文章を組み合わせたり、他の表やグラフと組み合わせることができるのです。

　たとえば、「月別売上」「支店別売上」のシートを、1つのシートにまとめてグラフで表すと、資料に使いやすくなります。

●複数のグラフを1つのシートに表示

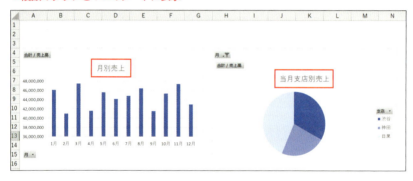

3Dでグラフを
つくってはいけない。
2Dでつくる。

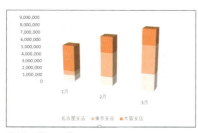

資料に載せるグラフは3Dでつくらない

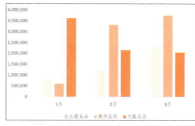

資料に載せるグラフは必ず2Dでつくる

3Dグラフもつくれる

なんとなく「3D」と聞くと、かっこいい響きがありませんか？
Excelでも、グラフを3Dで立体的に見せることができます。
しかし、数字を見るという観点では3Dはおすすめしません。

グラフは必ず"2D"でつくる

　Excelの資料に載せるグラフは3Dではつくらずに、必ず"2D"でつくりましょう。なぜならば、2Dのほうがグラフで数字を比較したときに見やすいからです。資料は見た目の格好よさも大事ですが、グラフで比較したとき、「見てわかりやすい」ということを一番大切にしましょう。

グラフの横軸にある項目は、斜めに表示しない。横に表示する。

Lesson35.
part3
「見た目」の
やってはいけない

グラフの項目は斜めに表示しない

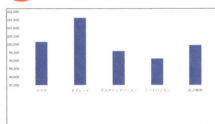

グラフの項目は横に表示する

グラフの横軸にある項目を斜めに表示

　Excelでグラフをつくったときに、グラフの横軸の項目が表示しきれない場合、自動的に斜めで表示されます。

　この機能は便利ではありますが、資料の見た目も美しくありませんし、項目が読みにくいので、グラフの項目の斜め表示はやってはいけません。

　資料づくりをする上では、項目はまっすぐに修正しましょう。

グラフの項目表示の修正方法

　グラフの項目表示が斜めになったときに、次のような修正方法で項目表示をまっすぐにできます。まずは、グラフの横幅を広げることです。グラフの横幅を広げると、項目をまっすぐに表示できます。

100

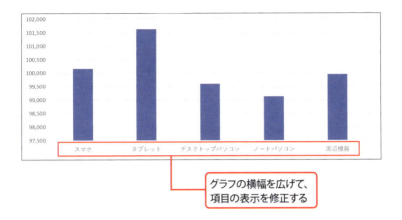

グラフの横幅を広げて、項目の表示を修正する

　また、グラフの文字を小さくすることで、項目をまっすぐに表示でき、棒グラフの軸の文字を縦にすることでも見栄えよく表示できます。

　グラフの項目がどうしても長くなる場合は、グラフを横棒で表すことを考えてみましょう。棒グラフを右クリックして、[グラフの種類を変更] で [横棒] に変更できます。

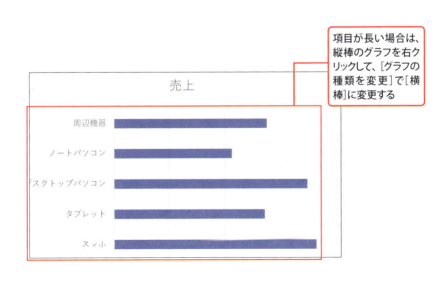

項目が長い場合は、縦棒のグラフを右クリックして、[グラフの種類を変更]で[横棒]に変更する

101

Lesson36. part3 「見た目」のやってはいけない

グラフの色は標準色を使ってはいけない。万人に見やすい色に設定する。

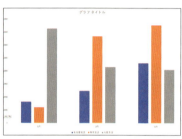

グラフの標準色は使わない

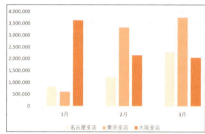

棒グラフは1色を、濃い、薄い、白で分ける

グラフの標準の色

　Excelのグラフは、そのまま使っても標準設定で色を適当に設定してくれます。

　ただし、この色の組み合わせはおすすめではありません。

　見やすいともいえないからです。標準設定の色は使ってはいけません。

グラフの色のコツ

　Excelのグラフの色を標準のものにしておくと、多くの方が使っているので、どこかで見たような感覚で見られてしまいます。棒グラフであれば、1色を濃い、薄い、白で分けるのがおすすめです。

グラフの系列が多くならないようにする

グラフでは、多くの色を使わないようにしましょう。

グラフを見やすくするには、たとえば棒グラフは"濃い""薄い""白"の3つで、折れ線グラフでは"太い""普通""点線"というように、使い分けましょう。

また、グラフの系列が10項目、20項目……とあると、グラフが見づらいので、棒グラフであれば3項目、折れ線グラフであれば5項目までに抑えたいものです。

● 3項目の折れ線グラフ

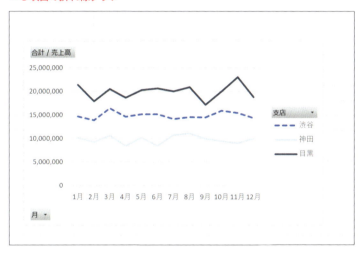

項目がどうしても多くなるのであれば、[条件付き書式] の [データバー] や [スパークライン] を使いましょう。

Lesson37. かわいいフォントを使ってはいけない。フォントは統一する。

part3 「見た目」のやってはいけない

仕事では丸文字のフォントは使わない

資料のフォントは統一する

Excelのフォント

　Excelの標準フォントはExcel 2016以降、「游ゴシック」で設定されています。Excelは自分好みのフォントに変えることができるますが、フォントにこだわりがないのであれば、標準フォントのままで使用しましょう。

　また、フォント選びでは、奇をてらわないようにしたいものです。

　たとえば、左の図のような可愛い丸いフォントは仕事上好ましくありませんので、やってはいけません。

Excelのフォントの変更方法

フォントを変えるには、リボンの［フォントパネル］から選びます。

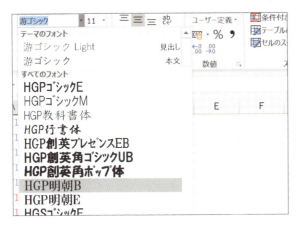

Excelでつくった資料内のフォントは統一しましょう。

様々なフォントが混ざっていると読みづらいからです。

また、読みやすい資料をつくるために、フォントの種類やサイズはルールを決めて使いましょう。たとえば、「資料の見出しはゴシック体、セル内の文字は明朝体」「資料の見出しは16ポイント、セル内の文字は11ポイント」といった使い分けがあります。

なお、新規Excelファイルのフォントを変更するには、［Excelのオプション（Alt→T→O）］の［全般］で、変更できます。

Lesson38.
part3　「見た目」のやってはいけない

ヘッダー・フッターを入れてはいけない。セルに入れる。

資料にはヘッダー・フッターは入れない

セルにタイトルを入れる

ヘッダー・フッター機能

　Excelには、「ヘッダー」と「フッター」という機能があります。

　ヘッダーは、資料の上部、フッターは資料の下部に文字やデータを入れることができるものです。この機能を使うと、日付やページ数、タイトルなどを入れることができます。ヘッダーを設定するには、リボン［ページレイアウト］→［ページ設定］を選んで、文字を入力しましょう。

　画像を入れることもできるので、たとえば会社のロゴを入れることもできます。

　ただし、ヘッダー・フッターは必要がなければやってはいけません。デメリットがあり、ミスにつながる可能性があるからです。

106

ヘッダー・フッターのデメリット

　ヘッダー・フッターのデメリットは、Excelの標準レイアウトでは見えないということです。

●標準レイアウト（ヘッダーが入力されている）

　ヘッダー・フッターの入力画面やページレイアウト、印刷プレビューでしか確認できません。
　この"レイアウト上では見えない"ということが、思わぬミスにつながります。
　ヘッダー・フッターを使っている場合、PDFにしたときや、プリントアウトしたときに、ヘッダー・フッターで使ったデータが残っていることがあるので気をつけましょう。
　たとえば、お客様の名前をヘッダーに入れたデータを、別のお客様の資料として渡してしまうという可能性もあります。
　このようなミスを防ぐためにも、なるべく、ヘッダー・フッターを使うことはおすすめしません。
　もちろん、ヘッダー・フッターの使い方を、個人や組織でルール化していればいいのですが、反面そのルール自体には意味があるようにも思えません。
　理想は、ヘッダー・フッターを入れなくても、誰もがすぐにわかる資料をつくることです。

part 4

「入力」の
やってはいけない

Excelを使うときは、Excelの特徴を最大限に活かしましょう。
紙の延長としてではなく、データとして考えることが必要不可欠です。
データ入力後に、そのデータをさらに活用できることも、Excelの大事な特徴といえます。
Part4では、Excelへのデータ入力の際にやってはいけないこと、気をつけるべきことをまとめました。

Lesson39. 半角と全角を適当に使わない。明確に区別する。
part4
「入力」のやってはいけない

英数字を全角にしない

英数字は半角にする

半角と全角は違う

　Excelに入力できる値のうち、「半角」「全角」は、ひらがな・カタカナ・数字・アルファベットにあります。
　半角・全角はルールを統一して使いましょう。
　やみくもに使うと、Excelの効率が落ちます。
　半角・全角を適当に考えてはいけません。

半角・全角のルールをつくる

　データ処理では半角・全角は別物とみなしますので、IF(イフ)関数で判断するときも別とみなします。
　IF関数とは、条件によって処理を分けるもので、もし○○だったら▲、□□だったら△ということができます。

たとえば次の図では、B列のデータが半角の場合「1」、全角の場合「0」を表示するもので、半角・全角によって結果が異なっています。

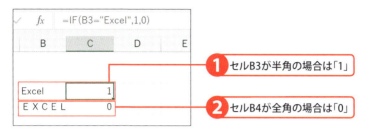

半角・全角が混ざっていると正しい処理ができませんし、効率も悪くなってしまいます。半角・全角は明確に区別しましょう。

おすすめのルールは、カタカナは全角、数字やアルファベットは半角というものです。数字を全角で入力することもあるかもしれませんが、データとして考えると半角以外に選択肢はありません。通常、Excelやワードなどのアプリケーションを使うときは、全角だと文字、半角だと数値と考えます。

全角→半角、半角→全角の関数

受け取ったデータで全角と半角が混ざっているときは関数で変換できます。

=JIS(半角)

で半角を全角に、

=ASC(全角)

で全角を半角にできます。

これ以前に、ルールとして半角・全角を徹底すべきではあるのですが、いざというときは、JIS関数、ASC関数を使うようにしましょう。

Lesson40.
part4 「入力」のやってはいけない
「1000円」と入力してはいけない。書式を使う。

数字に単位をつけない

書式を使って単位をつける

Excelで数字に単位をつける

　Excelで資料をつくるときには、より見やすくするためにも、数字には単位をつけます。たとえば、「1000円」と表示します。

　しかしながら、「1000円」と入力してしまうと、Excelの処理は非常に困るのです。「1000円」と入力しているセルがA1として、=A1*2や=A1+2としても計算できません。「1000円」は、数字ではなく文字ですので、それを2倍にしたり、2を足したりはできないのです。

　<u>「1000円」という文字は、計算に使えないため使ってはいけません。</u>

書式で「円」を表示

　「1000円」と入力しないで、セルに「1000」と「円」を分けて入力する方法もあるでしょう。ただし、これは見た目が美しくありません。

そこで、Excelにある「書式」で設定しましょう。

「書式」は、入力したデータをどのような形で表示するかというもので、「1000」と入力したセルを桁区切りで、「1,000」とすることもできますし、==円という書式を設定すれば「1000円」と設定でます。==

[Ctrl]+[1]で[セルの書式設定]のダイアログボックスを開き、ユーザー設定でG/標準"円"と設定しましょう。これで「1000」と入力するだけで円となります。

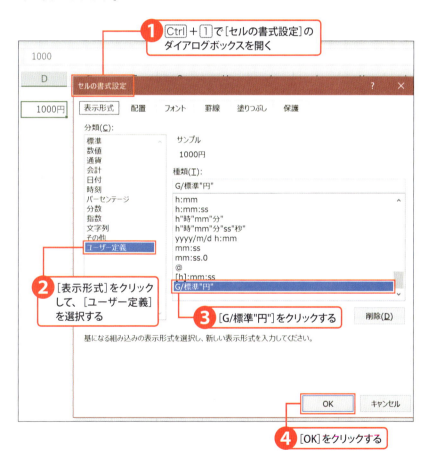

入力するときは「1000」だけでも、自分が使いたい形に表示できるのが「書式」のいいところです。

セルは結合しない。[選択範囲内で中央]を使う。

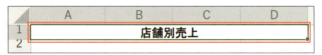

複数のセルを結合はしない

複数のセルにまたがって表示したいときは[選択範囲内で中央]

セルの結合はしない

　Excelで複数セルにまたがって、データを入力するときには「セルの結合」を使います。

　セルの結合は、縦や横に複数のセルを一緒にして、そこに文字を入力することができるものです。

　しかしながら、セルの結合は様々な場面で不具合があるのです。==セルの結合は、使ってはいけません。==

セルの結合のデメリット

　セルを結合すると、結合したセルをコピーや切り取りしたときに、エラーが出ます。

　セルを結合したままの処理はできません。

オートフィルターやマクロを使うときも不具合があります。

［選択範囲内で中央］を使う

もし、文字を複数のセルにまたがって表示したいときは、[選択範囲内で中央] というものを使いましょう。

これは、［セルの書式設定（Ctrl＋1)］の［配置］タブから、［選択範囲内で中央］を設定することができます。

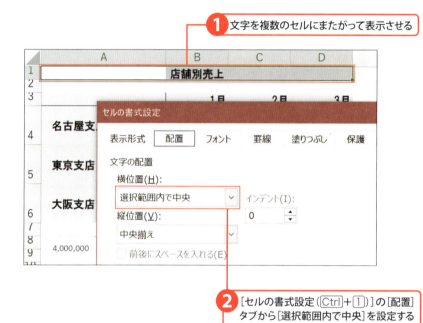

この設定にすると、セルを結合しなくても、複数セルの真ん中へ文字を配置でき、コピーや切り取りも自由にできます。

セルの折り返しは調整しない。Alt ＋ Enter を使う。

セル内の文字の折り返しを
スペースで調整しない

セルの中の文字を
Alt ＋ Enter で改行する

セルの中で文字を折り返すには

　セルに文字を入力するとき、文字を折り返したいこともあります。

　そういうときには、スペースキーで空白を入れて調整することもできますが、やってはいけません。

　スペースで調整した場合、再活用したときや、セルの幅を変えたときに、再度調整しなければいけないからです。

改行のショートカットキー

　セルの中で改行するときは、ショートカットキーの Alt ＋ Enter を使いましょう。

　Alt ＋ Enter を使うと、セルの中できれいに、文字を折り返すことができます。

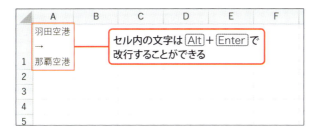

一方、次の図のように、リボンにある［ホーム］→［折り返して全体を表示する］では、折り返しの場所を選ぶことはできません。

単語や節など区切りのいいところで折り返したほうが見栄えもいいので、折り返しには Alt + Enter のほうが使いやすいです。

折り返しで表示するまでもない場合は、セルの幅で調整しましょう。

このときは、文字や数字が途切れていないかを、よく注意しなければいけません。

Lesson43. part4 「入力」のやってはいけない
ドロップダウンリストは使わない。正確に入力する癖をつける。

Excelの「ドロップダウンリスト」機能は使わない

正確に入力する

選択できるリスト

　Excelには「ドロップダウンリスト」という機能があります。

　マウスでクリックすると、入力すべきものが出てきて、それを選択して入力するというものです。

　一見、便利に感じますが、実は効率がよくないので、ドロップダウンリストに頼ってはいけません。

ドロップダウンリストの手間

　ドロップダウンリストは確かに便利です。

　使い方は、リボンの［データ］→［データの入力規則］をクリックして、［設定］タブの［入力値の種類］を［リスト］にしましょう。

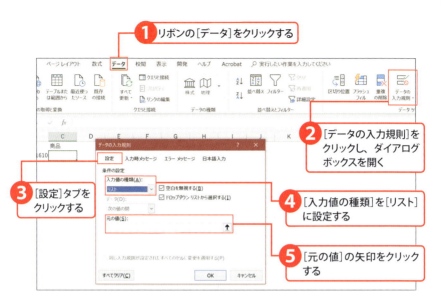

[元の値]の矢印をクリックし、あらかじめ準備したリスト（ここでは、シート「ドロップリスト」のA列）を選択します。

次ページのダイアログボックスのようになっているか確認しましょう。

 このような設定にしておけば、マウスで▼をクリックするか、Alt +↓を押せば、リストが出てくるので、あとは選ぶだけで入力できます。
 これが、ドロップダウンリストです。

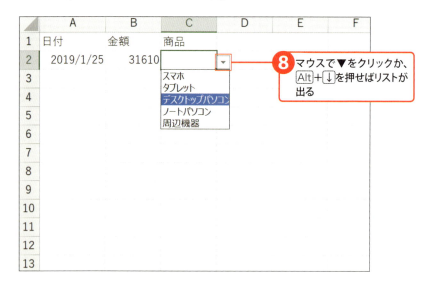

半角や全角の間違いや、「ノートパソコン」や「ノートPC」といった間違いがないように入れたい場合には、効果があります。

ただ、操作の効率化を考えると、必ずしも好ましくありません。

入力時にマウスに切り替えての操作か、[Alt]+[↓]を押して選択しなければならないからです。

正確な入力

ドロップダウンリストは使わないで、正確に入力するのが理想です。

自分で正確に入力する癖をつけましょう。

Excelを使うときも、正確な速いタイピングは大事です。

日々、タッチタイピングを練習して、正確に入力ができるようになれば、仕事の効率も確実に上がります。

他人に入力してもらう場合

正確な入力が理想ではあるのですが、Excelファイルを他人に提供して入力していただく場合には、難しいときもあるでしょう。相手がお客様か、社内かによっても変わるでしょうし、Excelに慣れているかどうかにもよります。

そんなときには、やむを得ず、ドロップダウンリストを使うのも手です。入力効率はいいわけではないので、心苦しい選択ではあります。その場合も、ドロップダウンリストのリストの数は少なくするようにし、少しでも選びやすいようにしましょう。

121

Lesson44.
part4
「入力」の
やってはいけない

連続データはいちいち入力しない。オートフィルを使う。

連続データを1つずつ入力しない

自動で入力できる
[オートフィル]を使う

連続データの入力

　Excelでは、「1、2、3、4……」と連続データを入力することもあります。このとき、数字を1つずつ打っていたら時間がかかります。

　そこで、自動で入力できる「オートフィル」を使いましょう。

　手間がかかるので**1つずつの入力はやってはいけません。**

オートフィルの使い方

　オートフィルとは、連続してデータを入力できるものです。

　たとえば、セルに「1、2」と入力して、「1」と「2」を選択し、選択範囲の右下をマウスでドラッグすると、ドラッグした範囲に連続データができます。

　また、「1」と入力して、同じようにオートフィルで操作した場合、Excel

でどういう連続データをつくるかというのを判断します。

1だけだと「1、1……」とコピーになってしまいますので、「1、2、3……」としたいときは、[オートフィルオプション] を使いましょう。

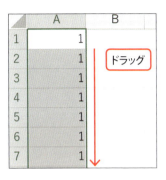

オートフィルオプションの活用

この「1」を連続コピーしたあと、右下に [オートフィルオプション] が出てきます。

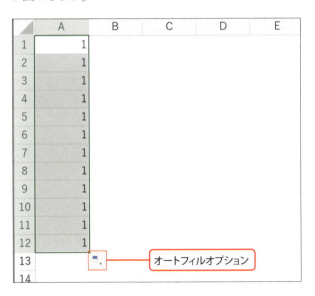

この［オートフィルオプション］をクリックしてから、［連続データ］をクリックして指定すると、「1、2、3……」と連続データに変わります。

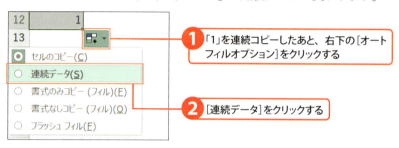

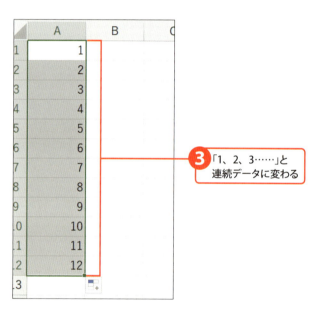

　連続データにしたいセルの左側にデータがある場合は、「1」と入れたセルの右下をダブルクリックすることで、瞬時に連続データをつくることができます。この場合も連続データではなく、セルのコピーになってしまうこともあるので、オートフィルオプションを選択して、望みの形式に変更しましょう。

　日付をオートフィルする場合は、「年」「月」「日」「週」と連続データの種類を選ぶことができます。

●日付のオートフィル

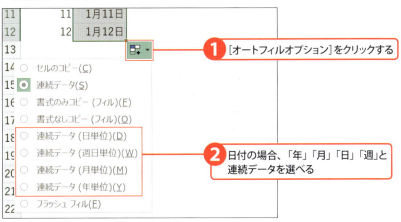

関数を使う場合、=ROW(A1)と入れれば、セルA1の行の数字を表示してくれます。A1なら1、A2なら2です。

この方法なら、データを挿入したとしても、関数で連続データを入れることができます。

ただし、関数は消えないようにしなければいけません。

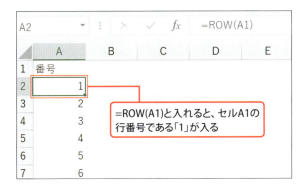

Lesson45.
part4 「入力」のやってはいけない

コピーのアイコンを使って、コピーしない。
Ctrl + C を使う。

クリックしてコピーする

Ctrl + C でコピーする

コピーの方法

Excelの魅力の1つは、コピーが簡単にできることです。

- リボンの [コピー] をクリックしてから、コピーして、[貼り付け] をクリック
- 右クリックで [コピー] して、右クリックで [貼り付け]

以上をすることで、コピー&貼り付けができます。
しかしながら、コピーをマウスのクリックでやってはいけません。

ショートカットキーでコピー

なぜなら、マウス操作は手間がかかるからです。

ショートカットキーを使うようにしましょう。ショートカットキーはCtrl+Cで［コピー］、Ctrl+Vで［貼り付け］です。このショートカットキーは、他のアプリケーションでも使えるので便利です。

貼り付け時にも使えるショートカットキー

また、Ctrl+Vで貼り付けたときに、［貼り付けオプション］が出てきます。

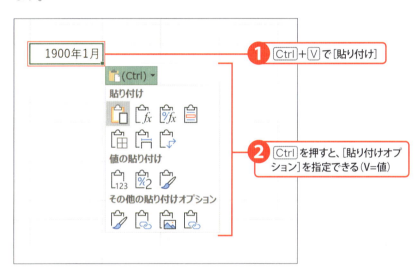

数式や書式は関係なく値だけを貼り付けたいというときに、この貼り付けオプションを使うと便利です。

値だけ貼り付けるのであれば、ショートカットキーでCtrl+C→Ctrl+Vと押すと、キー操作だけで値を貼り付けることができます。

Lesson46.
part 4 「入力」のやってはいけない

上のセルをコピーするときにCtrl＋Cを使わず、Ctrl＋Dを使う。

1つ上のセルを選択してコピーする場合、Ctrl＋Cで[コピー]して、Ctrl＋Vで[貼り付け]ない

1つ上のセルを選択してコピーする場合、Ctrl＋Dを使うと、上のセルがコピーされる

上のセルをコピー

　Excelで1つ上のセルを選択してコピーする場合、Ctrl＋Cでコピーして、下に移動してCtrl＋Vで貼り付けることができます。
　しかし、この方法は使ってはいけません。

Ctrl＋Dの使い方

　1つ上のセルを選択してコピーする場合、Ctrl＋Dが使えます。
　Ctrl＋Dを使えば、上のセルがコピーされるのです。

Lesson 46

上のセルをコピーするときに Ctrl + C を使わず、Ctrl + D を使う。

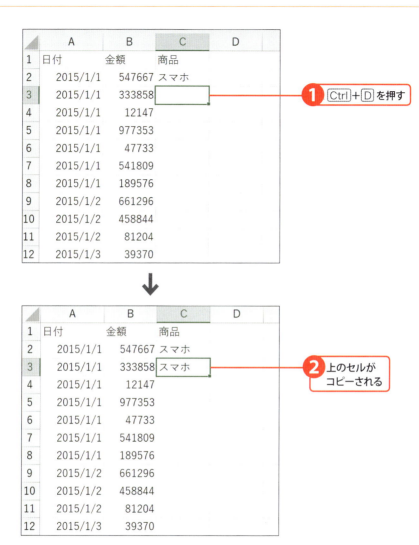

　気をつけなければならないのは、Ctrl + D では書式もコピーされてしまうことです。そして、[貼り付けオプション] も出ません。

　通常の [コピー]、マウスでドラッグの [オートフィル] のように、あとから書式や数式を変えることもできないので注意しましょう。

part 4　「入力」のやってはいけない

複数の範囲を選択して[Ctrl]+[D]を押せば、その選択部分すべてにコピーされます。

次の図のような場合は、コピー元のセル（セルC2）を含めて選択して、[Ctrl]+[D]を押しましょう。

また、選択は、[Shift]+方向キーを使うと便利です。

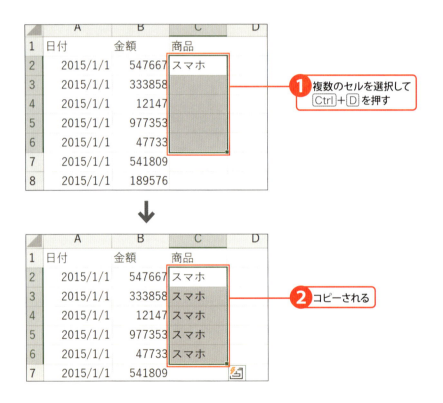

右なら[Ctrl]+[R]

左側のセルを右にコピーするときは[Ctrl]+[R]を使います。

[Ctrl]+[R]も使いどころがありますので、ぜひ使ってみましょう。

なお、上や左にコピーするというショートカットキーはありません。

Lesson47.
part4 「入力」のやってはいけない
英数モードに切り替えてはいけない。F10を使う。

入力モードの切り替え

　Excelに限らず、PCで文字を入力するときは、日本語モードと英数モードがあります。

　Windowsでは、半角・全角キーでその日本語モードと英数モードを切り替えます。

　たとえば、「Excelの使い方」と入力するなら、通常は半角・全角キーで英数モードに切り替えて「Excel」と入れてから、日本語モードに切り替えて「の使い方」と入れます。

　ただし、入力モードをいちいち切り替えることはやってはいけません。

F10キーを使う

日本語モードのままでは、英数字を入力することもできます。

日本語モードのまま、e.x.c.e.l.とキーを押すと、「えｘｃえｌ」と表示されます。そのまま F10 を押してみると、「excel」→「EXCEL」→「Excel」と変換していきます。

これを使えば、「Excelの使い方」と楽に打つことができます。

日本語モードのままだと、次のような流れになります。

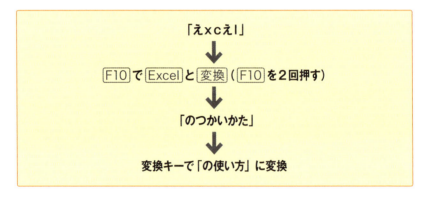

なお、F7だと全角カタカナへの変換です。

入力規則を使う

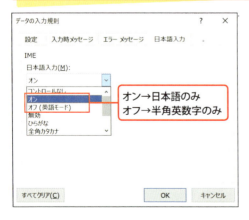

リボンの［データ］→［データの入力規則］の［日本語入力］タブで、オンにすれば日本語しか入らなくなり、オフにすれば半角英数字しか入らなくなります。先に設定しておくとモードを切り替えずにすみ、楽です。

空白セルに入力してはいけない。ジャンプを使う。

空白セルに1つずつ入力しない

空白セルはジャンプ機能を使う

空白セルを埋める

　受け取ったデータの中に空白がある場合もあります。最初の項だけに入力して、そのあとは空白にしている場合です。紙の時代の感覚のデータといえるでしょう。空白セルに、1つずつデータを入力してはいけません。手間がかかるからです。

ジャンプ機能の活用

　このような空白は、一括して、埋めることができます。
　Ctrl + G の「ジャンプの機能」を使い、空白セルを選択します。
　［ジャンプ］は、特定のセルへジャンプして選択する機能です。空白セルも選択できます。

Ctrl + G のあと、[セル選択] をクリックします。

[空白セル] を選択し、Enter キーを押します。

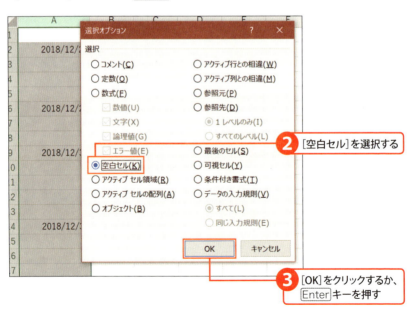

空白セルがすべて選択された状態になりますので、空白セルの1つ、A3で＝を押して方向キーの上を押します。こうすると、セルA3に＝A2という上のセルが入るという数式になるのです。

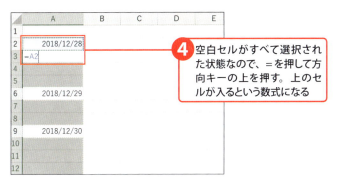

　この数式を選択された空白のセルすべてに、上のセルを入れる数式「＝A2」を入れるためには、Ctrl＋Enterを押します。これですべての空白セルに、「＝A2（上のセル）」という数式が入り、空白が埋まります。

　必要に応じて、A列をコピーして値のみを貼り付けしましょう。

Lesson49.
part 4 「入力」のやってはいけない

ブラウザを見ながら入力してはいけない。貼り付けてみる。

ブラウザを見ながらデータ入力する

　ブラウザ上の数字や文字をExcelに入力すれば、Excelで集計したり、資料に使ったりすることができます。
　しかし、ブラウザを見ながらの入力はやってはいけません。

ブラウザ上のデータは、ひとまずコピー&貼り付けで

　ブラウザ上にある文字や数字を使いたい場合、ひとまずは［コピー］してExcelに［貼り付け］てみましょう。
　Excelに貼り付けるときに、形式を選択して［貼り付け］をするか、Excelに［貼り付け］てから［貼り付けオプション］が出てきますので、ここで［貼り付け先の書式に合わせる］を選べば、貼り付けることができます。

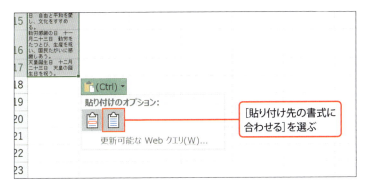

もしうまくいかない場合は、ブラウザで範囲を広めに選択してコピーしてみましょう。表形式のデータの場合、ヘッダーも含めてコピーするとうまくいくことがあります。

CSVダウンロード

理想は、CSVデータでダウンロードすることです。

サービスに、CSVデータのダウンロードメニューがないか、一度調べてみましょう。

Lesson50.
part4 「入力」のやってはいけない

曜日を入力してはいけない。
セルの書式設定を使う。

曜日は直接入力しない

曜日は[セルの書式設定]を使う

曜日はあったほうがわかりやすい

　日付データには、曜日があると便利です。
　データがよりわかりやすくなります。
　しかしながら、曜日を直接入力してはいけません。

書式で設定

　たとえば「(土)」と日付データを直接入力した場合、Excelに日付のデータではなく文字と認識されます。
　文字認識されると、日付の加工ができなくなります。
　また、曜日を逐一入力していては時間がかかりすぎます。
　そこで[セルの書式設定]を使いましょう。
　日付は書式によって、次のように様々な表現ができます。

2019年2月25日
平成31年2月25日
2019/2/25

　2019年2月25日はもともとは、「43521」という数字です。
　この数値は「1900年1月1日」から数えて43521日目ということを意味します。
　この仕組みがあるから、日付を足したり引いたり、日付データから月を取り出したりすることができるわけです。
　試しに、2019/2/25とセルに入れて、そのセルを選択してから［セルの書式設定（Ctrl＋1）］を表示し、［表示形式］タブで［分類］を「標準」にしてみましょう。43521と表示されるのがわかるはずです。

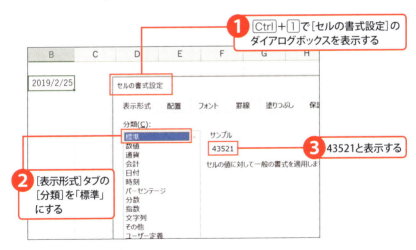

　日付データには、曜日のデータも入っているため、［セルの書式設定］で、そのデータを表に出すことができます。

さらに、[表示形式]タブの[種類]をユーザー定義で「yyyy/m/d」のところを「yyyy/m/d (aaa)」としてみましょう。

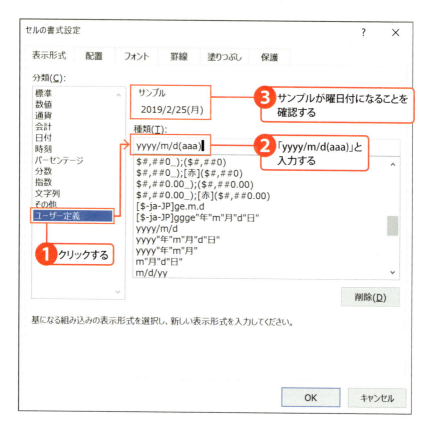

　これで、2019/2/25(月)となります。

　また、セルの書式設定の「yyyy」は西暦で、「ge」は和暦です。「yy」なら02月、「y」なら2月という表示になります。

　なお、セルの書式設定で、日付（2019/2/25）にするなら、Ctrl + Shift + 3 というショートカットキーがあるので使ってみましょう。

Lesson51.
part4
「入力」の
やってはいけない

姓と名を入れなおしてはいけない。区切り位置を使う。

セルのデータを2つ以上に分けたい場合、データの再入力やコピーはしない

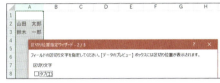

セルのデータを2つ以上に分けたい場合、「区切り位置」機能を使う

セルの文字を分けるには

　1つのセルに入っているデータを、2つ以上に分けたい場合もあります。たとえば氏名は姓と名に分けられますし、住所は都道府県とそれ以外に分けることができます。

　セルのデータを2つ以上に分けたい場合、データを再入力したりコピーしたりしてはいけません。

区切り位置で区切る

　セルの中にスペースで区切りがあれば、[区切り位置] 機能が使えます。

　次ページの図のようにセルを選択し、リボンの [データ] から [区切り位置] を選択し、区切り位置をスペースとすれば、そこで区切ることができます。

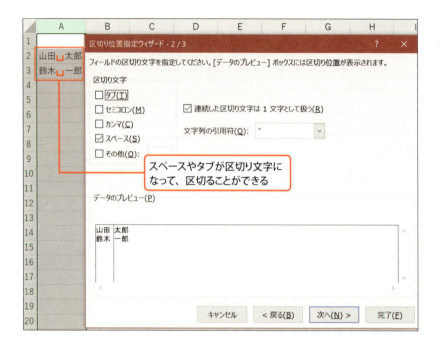

分けてデータをつくる

　区切る可能性があるデータは、最初から分けて管理するようにしましょう。区切るには、区切り文字が必要ですが、くっつける場合は、必要ありません。＆やCONCATENATE関数、CONCAT関数でくっつけることができます。セルA1とA2を結合したいときは、=A1&A2または、=CONCATENATE(A1,A2)、そして最新版のExcel（Office 365 SoloまたはOffice 2019）では、=CONCAT(A1,A2)を使います。

　あとで使うことを考えて、データを収集、蓄積するようにしましょう。

Lesson52.
part4 「入力」のやってはいけない

セルをダブルクリックしてはいけない。F2 を使う。

セルの修正

　セルに入れたものを修正するときは、マウスでダブルクリックするという方法があります。そのセルを編集できますが、マウスでセルをダブルクリックしてはいけません。

F2 キーで編集

　マウス操作やタッチパッド操作をしなくても、キーボードの F2 キーを押せば、簡単にセルの編集ができます。
　次ページの図のように F2 の場合はセルの末尾にカーソルが表示され、マウスでダブルクリックの場合は、セルの任意の場所にカーソルを表示できます。これら2つを使い分けられるようにしておきましょう。

● F2 の場合

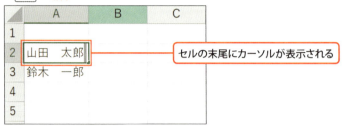

● ダブルクリックの場合

数式の確認にも使える

F2 は数式の確認にも使えます。

F2 を押すと、数式とどこを参照しているかがわかります。

これもマウスのダブルクリックよりも、F2 キーのほうが圧倒的に早いので、使っていきましょう。

Lesson53.
part4 「入力」のやってはいけない

検索・置換でリボンを使ってはいけない。Ctrl+F、Ctrl+Hを使う。

検索・置換

Excelのデータは［検索］［置換］することができます。
これらの機能は、データ処理する際に便利です。
ただし、[検索][置換]をリボンから操作してはいけません。

Ctrl+Fで検索

［検索］や［置換］をよく使うのであれば、リボンから操作するのは手間がかかります。［検索］であれば Ctrl+F を使いましょう。
Ctrl+Fで文字列を入力すれば、それに応じて検索してくれます。
この場合、［オプション］で［ブック全体を選択］すると、ブック全体を検索できますし、［すべて検索］を押すと検索されたデータを選択しやすくなります。

置換は Ctrl + H

Ctrl + H を押せば、[検索と置換] というダイアログボックスの [置換] タブが出てきます。一方、置換したい場合は、[置換] タブの [検索する文字列] に "置換前の文字"、[置換後の文字列] に "置換後の文字" を入力しましょう。また、該当するすべての文字列を置換したいのであれば、[すべて置換] を選びます。次の図は、「スマホ」を空白に置換しています。

また、[置換後の文字列] の欄を空白にして、[すべて置換] にすると、すべてを空白に置換できます。つまり、データをまとめて消すこともできるので、是非使ってみましょう。

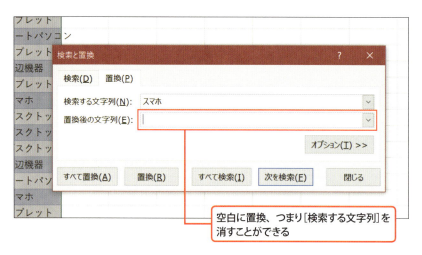

空白に置換、つまり [検索する文字列] を消すことができる

ショートカットキーで置換する場合、Ctrl + H を押し、[検索する文字列] に置換前の文字を入力して、Tab を押してから、[置換後の文字列] に置換したい文字を入力します。そのあと、Tab 、Enter で [すべて置換] になります。以上の流れを覚えておくと、すばやく置換できます。

part **5**

「操作」の
やってはいけない

Excelは基本、マウスとキーボードで操作します。
この操作次第で、効率的かどうかが決まります。
Part5では、操作するときにやってはいけないこと、
気をつけたいことをまとめました。

Lesson54. マウスで セルを選択してはいけない。 方向キーを使う。

part5 「操作」の やってはいけない

マウス操作は楽

Excelを使うときに、マウスで多彩な操作が簡単にできます。

- カーソルを動かす
- 左側のボタンをクリックする
- 右側のボタンをクリックしてメニューを表示させる
- 左側のボタンを押しながら動かす（ドラッグ）
- Ctrlキーを押しながらドラッグ

確かに、マウスの操作は直感的でわかりやすいのですが、効率的とはいえません。

セルを選択するときもマウスは使わないようにしましょう。

キーボード操作のほうが効率的

　セルを選択するときは、マウスを使わずに、上下左右の方向キーを使って操作することをおすすめします。マウスに手を伸ばして、カーソルを動かすのは手間がかかるからです。

　Excelを選択するときにも Alt + Tab （アプリケーションを切り替える）を使い、そのあとにExcelで方向キーを押せば、セルを選択できます。

　キーボードのほうがマウスよりも瞬時に使え、ショートカットキーも使いやすくなるので、うまく使いましょう。

　たとえば、次のような方向キーを使ったショートカットキーがあります。

> ■ Ctrl +方向キー：データの端まで瞬時に移動（152ページ参照）
> ■ Ctrl + Shift +方向キー：データの端まで連続して選択
> ■ Shift +方向キー：連続してセルを選択（セルA1にカーソルがあり、Shift キーを押しながら右を押していくと、セルB1、C1、D1と選択範囲を広げることができる）

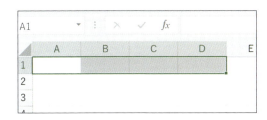

> ■ Ctrl + Fn + ↑ ：次のシートへ切り替え
> ■ Ctrl + Fn + ↓ ：前のシートへ切り替え
> ■ Ctrl + Fn + ← ：データの左上に移動
> ■ Ctrl + Fn + → ：データの右下に移動
> ■ ⊞ + ← （→）：Excelのウィンドウを左（右）に整列

Lesson55.
part5 「操作」のやってはいけない

右へ入力するときは Enter キーを使ってはいけない。Tab キーを使う。

データ入力後の Enter

　Excelのデータを入力するときは、下（縦）に入力することが多いものです。

　入力後に Enter キーを押せば、その下のセルを選択します。

　しかし、データは右（横）に入力することもあります。たとえば、行にデータの見出しをつくるときには、「日付」「金額」「内容」と右方向への入力です。

　この場合 Enter キーを使うと、次の図のように「日付」→ Enter で、「日付」の下のセルA2を選択するため、「日付」の右のセルB1へカーソルを移動する必要があります。

　非常に手間がかかるので、==右へ入力するときに Enter キーを使ってはいけません。==

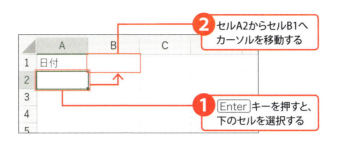

セルを右方向へ Tab キーで入力

セルを右方向へ入力する方法として、最もおすすめなのは、**Tab キーを使えるようにしておくことです。**

「日付」→ Tab →「金額」→ Tab →「内容」と打っていけば、右方向へ入力できます。

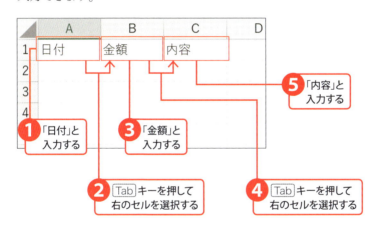

この場合、Tab キーは左手の小指で押すようにしておきましょう。

Tab キーは他のアプリケーションでも多用するので、使えるようにしておくと便利です。

Lesson56. スクロールさせてはいけない。Ctrl＋方向キーを使う。

part5 「操作」のやってはいけない

スクロールは手間

　Excelでは約104万行までデータを入れることができます。

　もちろん、そこまで大きなデータを入れることはないとはいえ、ある程度大きなデータも扱えるのがExcelの強みです。

　さて、Excelの下にあるデータを確認するとき、マウスや方向キーの↓でスクロールしたり、Excelの右側にあるスクロールバーを動かせば、データを確認できます。

　しかし、データ量によっては時間がかかるので、これらの操作はデータの一番下に移動するときや、一番上に移動するときには使ってはいけません。

Ctrl +方向キーを使う

　Excelデータの一番下に移動する場合は、Ctrl + ↓ を使いましょう。データの一番上に移動する場合は、Ctrl + ↑ を使います。この操作を覚えれば、マウスを使う必要がありません。一瞬にして、データの一番下から一番上に動かすこともできます。

　また、Ctrl + → や Ctrl + ← で、一瞬で右端や左端に移動できます。

　ただし、これらの操作はデータの間に空白行や空白セルがあるとうまくいきません。

　この操作を効率的に使うためにも、データに空白行をつくってはいけません。セルA1を選択している状態で、たとえば、次の図のように、18行目が空白なら Ctrl + ↓ を押すと、空白がある17行目で止まってしまうのです。

Lesson57. part5 「操作」のやってはいけない
元に戻すときは、リボンの[戻る]アイコンをクリックしない。Ctrl + Z を使う。

元に戻す操作

　Excelの操作を間違えたとき、リボンにある［戻る］のアイコンをマウスでクリックすると、元に戻せますが、<mark>アイコンをクリックしてはいけません。</mark>

元に戻すには Ctrl + Z

　マウスでアイコンを押すと時間がかかりますので、Ctrl + Z を使いましょう。Ctrl + Z を1回押すと、操作を1つ戻せ、ある程度の段階まで戻すことができます。

　戻しすぎた場合は、Ctrl + Y で戻すことができます。

　入力ミスをしたらすぐに、Ctrl + Z を押すという癖をつけておきましょう。入力ミスや操作ミスを怖がらず、間違えたら Ctrl + Z を押して、戻

せばいいだけです。

このショートカットキーは積極的に使っていきましょう。

Escの使いどころ

しかしながら、次のように Ctrl + Z で元に戻せない場合もあります。

● シート名を変更しようとしているとき

● セルを編集しようとしているとき

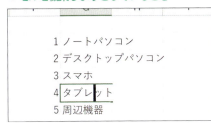

これらの場合は、Esc（エスケープ）キーで編集や入力をキャンセルしましょう。

「変更する途中の操作を戻す」というよりも、取り消すのが Esc キーです。

一方、「操作し終わったものを戻す」のは、Ctrl + Z と覚えておきましょう。

Lesson58.
part5 「操作」のやってはいけない

OKをマウスでクリックしてはいけない。Enterキーを押す。

OKをマウスでクリック

　Excelでは確認メッセージが出てきます。「保存しますか？」「このシートは完全に削除されます。続けますか？」というものです。

　［OK］をマウスでクリックすれば、その処理は確定できますが、**[OK]をクリックしてはいけません。**

OKはEnterキーで

　確認メッセージのダイアログボックスが出てくるたびに、マウスを使っていると効率が悪くなります。ここでは、Enterキーを押しましょう。

　次のダイアログボックスでEnterキーを押すと［保存］をクリックしたことになります。また、［キャンセル］したいならEscキー、［保存しない］であればNを押しましょう。

156

流れるように Enter キーを押す

シートの削除のショートカットキーは、Alt → E → L です。

このあと、「このシートは完全に削除されます。続けますか？」というメッセージと［削除］［キャンセル］というボタンが出てきますので、［削除］していいなら Enter キーを押します。

そもそも、削除するつもりなら、Alt → E → L → Enter と流れるように押しましょう。ただし、シートを削除したら、元には戻せませんので、削除の際は十分に気をつける必要があります。

また、テーブルをつくるには Ctrl → T のあとに、データ範囲を確認する［テーブルの作成］というダイアログボックスが出て、［OK］［キャンセル］が表示されます。これも流れるように Ctrl → T → Enter と押します。

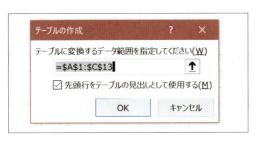

157

Lesson59.
part 5
「操作」の
やってはいけない

シートは
右クリックでコピーしない。
Ctrl ＋ドラッグを使う。

シートはマウスで右クリックして
コピーしない

Ctrl キーを押しながら、
マウスを使ってドラッグする

シートのコピー

　Excelのシートをコピーする場合、シートをマウスで右クリックして
［移動またはコピー］を選ぶ方法があります。

　このあと、［コピーを作成する］にチェックを入れれば、シートをコピーできるわけです。

　しかし、シートを右クリックする操作をやってはいけません。

シートのコピーはマウスで

　シートを簡単にかつすばやくコピーするには、Ctrl キーを押しながらドラッグします。Ctrl キーは押さずに、ドラッグするとシートの移動になります。

　複数のシートを指定すれば、複数のシートをコピーすることもできます。

このシートのコピーには、ショートカットキーがありませんので、マウスが最適な操作方法です。

シートをコピーしたあとは、必ず名前をつける

シートをコピーした場合、シート名は、コピー前のシート名に（2）、（3）と番号がつきます。

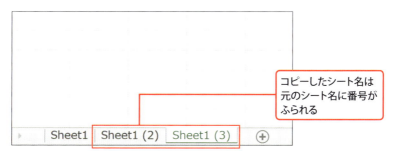

コピーしたシート名は元のシート名に番号がふられる

シートをコピーしたあとは、シート名をきちんとつけておきましょう。
どのシートに何が入っているかがわからなくなります。

なお、シート名を変更するショートカットキーは、Alt → H → O → R です。
4つもキーを押すので効率はよくありません。
シート見出しをマウスでダブルクリックして、シート名を変更したほうが速いです。
ショートカットキーが必ずしも速いわけではありません。最適な方法を見つけだしましょう。

Lesson60. クイックアクセスツールバーは
part5 クリックしない。
「操作」の やってはいけない アクセスキーを使う。

クイックアクセスツールバーのアイコンをマウスでクリックしない

クイックアクセスツールバーはショートカットキーで操作する

クイックアクセスツールバーとは

　Excelのリボンの上には、「クイックアクセスツールバー」があります。
　標準設定では、[新規作成][元に戻す][繰り返し] などが並んでいます。この小さなアイコンをマウスでクリックすれば操作できますが、マウスに手を伸ばし、小さいアイコンをクリックするのは、手間ですので、**クイックアクセスツールバーをマウスでクリックしてはいけません。**

クイックアクセスツールバーはアクセスキーで操作

　クイックアクセスツールバーを操作するには、マウスでクリックする方法だけではありません。アクセスキーで操作しましょう。
　[Alt] キーを押すと、クイックアクセスツールバーのアイコンに1、2、3……と番号がつきます。アイコンについた番号を押すと、そのアイコンの

機能が実行されます。

たとえば、Alt → 1（Altを押したあとに1）で、一番左にあるアイコンの機能を実行できるのです。これをアクセスキーといいます。

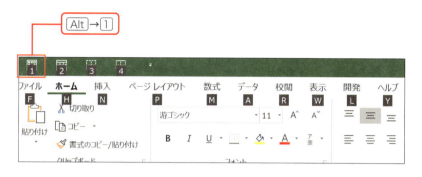

クイックアクセスツールバーをカスタマイズ

クイックアクセスツールバーに置くアイコンは、ショートカットキーがなく、使用頻度が高いものを選びましょう。

たとえば、クイックアクセスツールバーで標準設定の［新規作成（Ctrl＋N）］と［元に戻す（Ctrl＋Z）］は、ショートカットキーで操作できるので、クイックアクセスツールバーに必要ありません。

クイックアクセスツールバーを設定するには、次ページの図のようにクイックアクセスツールバーの一番右に表示されるアイコン をクリックして、［クイックアクセスツールバーのユーザー設定］から［その他のコマンド］をクリックしてから、［Excelのオプション（Alt→T→O）］のダイアログボックスの［クイックアクセスツールバー］を開きます。または、リボン上で右クリックを押し、［クイックアクセスツールバーへ追加］で追加できます。

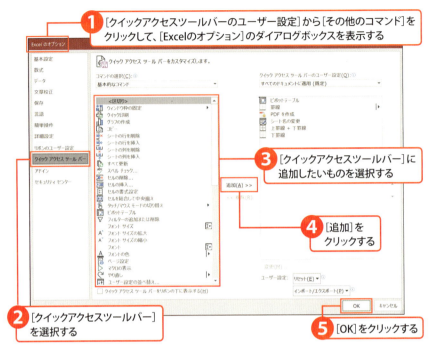

　クイックアクセスツールバーに置きたいものは、左側の枠の中から選んで[追加]しましょう。

　クイックアクセスツールバーに追加するのに、おすすめなのは「ピボットテーブル」です。

　ピボットテーブルを開くショートカットキーは、[Alt]→[N]→[V]→[Enter]ですが、キーの数が多いので、効率が悪いです。ピボットテーブルは案外使用頻度が高いので、クイックアクセスツールバーの一番左に設定して、[Alt]→[1]で実行できるようにしておくと便利です。

　他にも、クイックアクセスツールバーへの追加は下記もおすすめです。

■ シート名の変更（[Alt]→[H]→[O]→[R]で長い）
■ PDFで発行
■ 下罫線

part **6**

「数式・関数」の やってはいけない

数式・関数を使うと、Excelでの計算の効率が上がります。
Part6では、数式・関数を効率よく入力する方法、使うときの注意、便利な関数をまとめてみました。

Lesson61.
part6 「数式・関数」のやってはいけない

数式バー・リボンを使って入れてはいけない。セルに関数を直接入力する。

「数式バー」は使わない

数式・関数は=を使って直接入力する

関数の入力

　Excelの魅力の1つは数式・関数です。数式は「=a1+b1」のような、加減乗除を計算し、関数はIF関数（条件）、SUM関数（合計）など、特定の処理ができるものです。リボンの下にある「*fx*」というアイコンをクリックすると、目当ての関数を探すことができ、リボンの［数式］タブから関数を選ぶこともできます。しかし、関数は、数式バー、リボンを使って入力してはいけません。

関数は直接入力

　数式バーや数式タブなどを使わないほうがいい理由は、関数の入力効率が悪くなるからです。数式は=を使ってセルに直接入力します。=a1+b1と入れれば数式ができるわけです。

Lesson 61 数式バー・リボンを使って入れてはいけない。セルに関数を直接入力する。

直接入力する

関数も＝のあとに入れます。たとえば、IF関数なら、IFの「i」を入れればifという候補が出てくるので、完全に暗記する必要はありません。候補が出て来たら、Tabキーで確定すると、=if(まで入るので、続けて入力すると、関数ができるわけです。

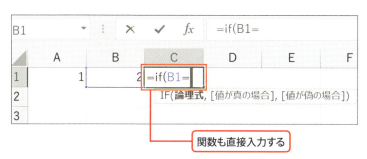

関数も直接入力する

VLOOKUP関数も＝と入れ、vlと入れれば、候補が出てくるので、Tabキーを押せば、入力できます。

<mark>関数をセルに直接入力すれば効率がよくなるとともに、正確なタイピングのトレーニングにもなるのです。</mark>プログラミングやExcelマクロを使うときも正確なタイピングは欠かせません。数式・関数は小文字でも大文字でも入力できます。

part 6 「数式・関数」のやってはいけない

165

Lesson62.
part6 「数式・関数」の やってはいけない

オートSUMを使ってはいけない。
Alt + Shift + = を使う。

オートSUMは使わない

Alt + Shift + = を使って、SUM関数を入力する

手軽に合計できるオートSUM

　Excelには「オートSUM」という機能があります。

　オートSUMとは、データを合計する機能で、数式を入力するよりも簡単に操作できます。しかし、これもリボンを使います。

　リボンの代替手段があるものは、リボンを使わないほうが効率がいいものです。マウスに手を伸ばしてカーソルを動かし、リボンをクリックするのは、効率がいいとはいえません。オートSUMはショートカットキーがあるので、リボンを使ってはいけません。

オートSUMのショートカットキー

　オートSUMには、ショートカットキーがあります。

　実は、関数の中でショートカットキーがあるのは唯一これだけです。

Lesson 62

オートSUMを使ってはいけない。 Alt + Shift + = を使う。

Alt + Shift + = と押せばSUM関数を入力でき、キーを押した位置で、Excelがどこを合計するかを判断し、連続した数値は合計するものとみなします。

合計したい範囲を任意に選択したいときは、合計したい範囲と合計値を入れるセルを選択してから Alt + Shift + = を押すとうまくいきます。

こういった範囲の選択は、 Shift + 方向キー（149ページ参照）を使うと便利です。

Shift + 方向キーで選択してから、 Alt + Shift + = を押す

右下に合計が表示

Excelではセルを選択すると、選択した範囲の合計値が右下に出ます。ちょっとした合計の確認には、この機能を使ってみましょう。

セルを選択すると、選択範囲の合計値が出る

167

Lesson63.
part 6
「数式・関数」の
やってはいけない

繰り返しコピーしてはいけない。
数式・VLOOKUP関数を使う。

コピーは繰り返さない

　Excelを使う上で、同じことを二度するのは効率的ではありません。たとえば、Excelの中にあるデータをコピーして、貼り付けするのは便利ですが、コピーを繰り返すのは非効率です。
　繰り返しコピーしてはいけません。

数式で連動

　=を入れた数式を使えば、データを連動できます。
　たとえば、セルA1からセルG5へデータをコピーする場合、セルG5に=A1と入れておけば、セルA1の値が連動します。A1に新しいデータを入力、貼り付けしたときも、セルG5に連動するわけです。
　しかし、このデータ連動はデータの連動元が移動すると、数式の連動が

168

ずれてしまいます。

ずれが生じないように「VLOOKUP関数」を使いましょう。

VLOOKUP関数で連動

VLOOKUP関数とは、データを検索して、一致すれば表示する関数です。たとえば、顧客コード、郵便番号、住所などといったデータがあるとします。

● シート「顧客データ」

次の図のセルA1(郵便番号)に、=VLOOKUP(F1,'顧客データ'!A:F,3,FALSE)を入れれば、F1(コード=4)をシート「顧客データ」のA列から探し、見つかれば、A列からF列の範囲で3つ目、つまり「〒100-9987」を表示できます。

VLOOKUP関数のFALSEは、完全に一致しているものを表示するという意味です。

郵便番号、住所などを毎回入力、またはコピーしなくてもいいのです。重要なのは、VLOOKUP関数で検索するコードが選択する範囲の一番左端にあることです。そうすればVLOOKUP関数を入れてコードから取引先の名称を表示することができます。

Lesson64.
part6
「数式・関数」の
やってはいけない

CSVデータの列や行を削除してはいけない。数式で連動させる。

削除する

CSVデータを加工しない

CSVデータは数式で連動させる

CSVデータの加工

　他のアプリケーションからCSVデータを持ってきた場合、データから不要な列があれば削除するとExcelの資料ができあがります。

　データのまま加工するので、数字に間違いはありませんし、便利です。しかし、<mark>列を削除してはいけません。</mark>加工してしまうと、手間が増えますし、毎回加工しなければいけなくなります。

CSVデータの利用

　CSVデータは加工しないようにしましょう。いらない列でも削除しないようにすべきです。なぜならば、削除してしまうと、次に加工するとき（翌月や翌年）も、同じように削除しなければならないからです。

　削除しなくてもいいように、<mark>数式で連動させます。</mark>イコールで連動させ

170

ておけば、シートに新しいデータを貼り付けるたびに、自動的にデータができあがります。

たとえば、次のようなCSVデータ（シート「export」）で、「日付」「借方勘定科目」「金額」が必要なケースを考えてみましょう。

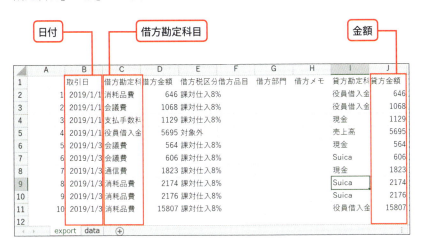

列を削除せずに、別のシート「data」に数式を使って、次のように=export!B2としてシート「export」のセルB2を連動します。

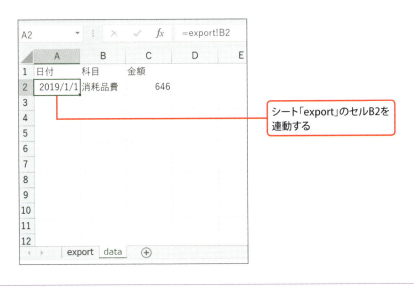

シート「export」のセルB2を連動する

気をつけなければならないのは、データの数だけ、その数式をコピーしておくことです。データが100行あれば、100行目まで数式をコピーします。

　また、VLOOKUP関数をうまく使えれば、もっと簡単にできることもあります。元のデータは一切さわらずに、VLOOKUP関数で必要なデータだけを取り出す方法です。たとえば、次のようなデータで、売上高の数字のみ使いたい場合を考えてみましょう。

●元データの「export」

	A	B	C	D	E	F	G
1							
2		Jan-19	Feb-19	Mar-19	Apr-19	May-19	Jun-1
3							
4	売上高	1715649	2144715	4018615	1953775	2142992	250943
5	売上高 計	1715649	2144715	4018615	1953775	2142992	250943
6	売上原価						
7	売上原価	0	0	0	0	0	

探す　　表示する

　VLOOKUP関数で「売上高」をA列から探し、見つかったらその2列目であるB列の数字を表示しています。

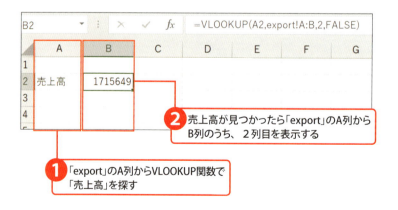

① 「export」のA列からVLOOKUP関数で「売上高」を探す
② 売上高が見つかったら「export」のA列からB列のうち、2列目を表示する

Lesson65. IF関数を複雑にしてはいけない。VLOOKUP関数を使う。

part6 「数式・関数」のやってはいけない

IF関数は複雑になるとメンテナンスしづらい

複数条件のときはVLOOKUP関数を使う

IF関数の限界

　ExcelのIF関数は、便利で複雑なものでも条件で判定することができます。しかし、その条件が複雑になればなるほど入力しにくくなり、メンテナンスしづらくなります。複数の条件のときは、IF関数を使ってはいけません。

IF関数よりVLOOKUP関数

　複数の条件、目安として3個以上の条件があるときは、IF関数よりもVLOOKUP関数を使ったほうが便利です。VLOOKUP関数ならば、複数の条件を選択できます。たとえば10未満ならD、10以上20未満ならC、20以上30未満ならB、30以上ならAという条件があるとします。この場合にIF関数では、次のように書きます。

173

```
=IF(A2<10,"D",IF(A2<20,"C",IF(A2<30,"B","A")))
```

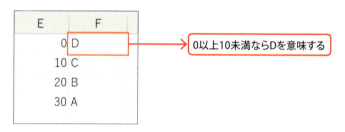

一方、VLOOKUP関数だと、次のようなリストを準備します。0以上10未満ならD、10以上20未満ならC、20以上30未満ならB、30以上ならAを表示するという意味のリストです。

上のリストを使い、=VLOOKUP(A2,E:F,2,TRUE)で表示します。たとえば、セルA2の36をE列から探し、36は、30以上なので対応するAを表示します。

これで今後、条件が増えても、変更しても、この図を修正すればすみます。IF関数ではなく、VLOOKUP関数を使いましょう。

Lesson66. 数式は1つずつ入れない。絶対参照を使う。

part6 「数式・関数」のやってはいけない

=D4/D7

=D5/D7

=D6/D7

数式を1つずつ入れない

=D4/$D$7

=D5/$D$7

=D6/$D$7

絶対参照を使う

数式の注意点

　Excelで計算するときに、その数式をうまく使えばいろんな計算ができます。ただし、数式を1つずつ入れたり、修正してはいけません。コピーで楽に入れられるように工夫しましょう。

絶対参照

　たとえば、セルD4に名古屋支店の売上高、セルD7に売上高、合計がある場合、割合を計算するときには、次ページの図のように、=D4/D7で計算できます。

この数式をコピーすると結果がずれてしまいます。エラー（#DIV/0!）が出ているセル、たとえば、セルE5を確認すると、=D5/D8と入っています。

これは、セルE4の=D4/D7をコピーし、D4がD5に、D7がD8に1つずつ下にずれた結果です。

数式を修正しなければいけません。

そこで、「絶対参照」というものを使い、構成比の割合の分母を固定してそれをコピーします。こうすると正しく計算され、手間がありません。

絶対参照とは、コピーや移動しても、その位置を指定するもので、たとえば、$A$1なら、セルA1を固定して指定します。

絶対参照は、F2キーを押して、数式内で固定したい場所（この場合セルD7）にカーソルを置き、F4キーを押します。カーソルの位置は、D7のうち、Dの前でも、Dと7の間でも、7の後ろでもかまいません。

1つ目の数式を絶対参照にしたあと、数式をコピーすれば、絶対参照にした部分は固定され、コピーしても位置がずれなくなります。

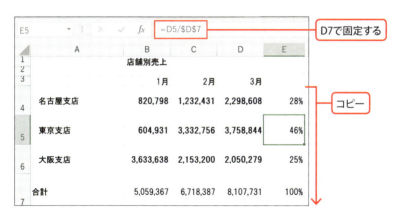

累計の計算

累計を計算するときも、絶対参照は使えます。たとえば次の図のように1月であれば1月、2月であれば1月と2月の合計、3月であれば1月から3月までの合計とするとき、絶対参照を使って、セルC2に

```
=SUM($B$2:B2)
```

と入れておきます。

これをセルC3からC13までコピーすれば、1月は1月まで、2月は2月までと計算します。

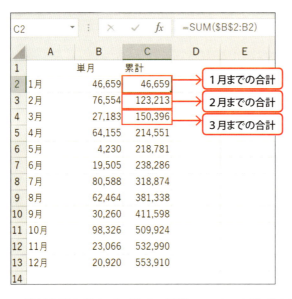

絶対参照を使えば、数式・関数のエラーを防げるとともに、数式・関数を入れるのが楽になります。

Lesson69. シート名は
part 6 「数式・関数」の やってはいけない

セルに入力しない。
CELL関数を使う。

シート名はセルに直接入力しない

CELL関数でファイル名やシート名を表示する

シート名の入力

Excelのシート名をセルに入力して使いたいということもあるのではないでしょうか。

このようなとき、シート名を逐一入力してはいけません。

シート名を表示

シート名をセルに表示するには、「CELL関数」「MID関数」「FIND関数」を使います。

```
=MID(CELL("FILENAME"),FIND(")",CELL("FILENAME"))+1,31)
```

CELL関数とは、セルの情報を表示する関数です。

CELL("FILENAME")とすれば、ファイル名とシート名を表示します。

しかし、シートだけではなく、ファイル名やその場所を表示してしまうのです。

たとえば、セルA1=CELL("FILENAME")と入力し、

■ **ファイルがCドライブのドキュメントにある**
■ **ファイル名が、売上データ**
■ **シート名が鈴木**

ならば、

C:¥Users¥ドキュメント¥[売上データ.xlsx]鈴木

とセルA1に表示されます。

このうち、シート名だけをセルに表示するときはちょっと工夫が必要なのです。

このままだと、ファイル名とシート名を表示するので、いらない部分は削除してシート名だけを表示するようにします。

文字を見つけるFIND関数を使って]を探しましょう。FIND関数は、FIND(○,△)で、△から○を探します。

C:¥Users¥ドキュメント¥[売上データ.xlsx]鈴木のうち、]より後ろがシート名だからです。

MID関数は、=MID(○,△,□)で、○の△文字目から□文字を取り出します。

=MID(CELL("FILENAME"),FIND(")",CELL("FILENAME"))+1,31)

以上は、ファイルとシート名から]を探して、その次の文字から「31文字取り出す」という意味です。

+1は、次の文字という意味です。

また、ファイル名は最大32文字ですので、最後の指定は31文字にしました。ここが100でも1000でも結果は同じです。

結果的にシート名のみの表示になります。

マクロでシート名を表示

Excelマクロを使うと、次のようなプログラムでシート名をセルA1に表示できます。

```
Sub test()

    Range("a1").Value = ActiveSheet.Name

End Sub
```

Excelマクロを貼り付ける場所は、Alt + F11 で開いたところで、Alt → I → M を押して、標準モジュールというものを出します。

sub testと入れてから Enter キーを押すと、()やEnd Subが出てきます。

その間に、Range("a1").Value = ActiveSheet.Nameを入れましょう。F5 を押せば、実行できます。

このマクロは、「今選択しているシート名（Activesheet.Name）をセルA1に入れてください」というものです。

プログラム上、○＝△で、○に△を入れるという意味になります。

Lesson68. 消費税計算では ROUNDDOWN関数を使わない。INT関数を使う。

part6 「数式・関数」のやってはいけない

	fx	=ROUNDDOWN(A2*10%,0)
C	D	E	F	G

消費税の計算にはROUNDDOWN関数は使わない

	fx	=INT(A2*10%)
C	D	E	F

INT関数は消費税の計算もメンテナンスしやすい

ROUNDDOWN関数の使い方

　Excelでは税金の計算もできます。ただし、円未満の端数が出る可能性があるので、端数処理をしなければいけません。

　端数切り捨てをする場合であれば、「ROUNDDOWN」という関数があります。ROUNDDOWN関数とは、=ROUNDDOWN(○,△)で、○を小数点△で、四捨五入します。

　税金の場合は、=ROUNDDOWN(○,0)とし、0、つまり1の位で四捨五入しましょう。しかしながら、==消費税の計算であればROUNDDOWN関数を使ってはいけません。==

INT関数

　消費税を計算するとき=ROUNDDOWN(○○,0)よりも ==**=INT(○○)**==

のほうが短くて、入力するのが楽です。

　ROUNDDOWN関数とINT関数は、処理する数がプラスとマイナスのときに違いがあります。INT関数は、=INT(○)で、○を1の位で最も近い整数にします。100.1なら100、-100.2なら-101です。マイナスの場合は、0から離れた整数にします。

　プラスの場合は、ROUNDDOWN関数でもINT関数でも、結果は変わりません。消費税を計算するときは、通常、プラスになるので計算に支障はないということです。

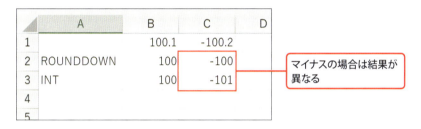

マイナスの場合は結果が異なる

　普段、消費税の計算のときは、INT関数を使いましょう。

　また、消費税のように税率が今後変わる可能性がある場合は、税率を数式の中ではなく、別のセルに入れておいたほうがメンテナンスしやすくなります。

　数式の中に入れておくと、それを全部変えなければいけなくなりますので、別のセルに入れてそれを参照するような仕組みをつけておきましょう。

　この場合、数式をコピーするとセルF1の位置が下にずれるので、$F$1と絶対参照にしなければいけません。

税率を別のセルに入力する

Lesson69. 日付データを入力しなおしてはいけない。DATE関数を使う。

part6 「数式・関数」のやってはいけない

日付データを入力しなおしてはいけない

日付はDATE関数で処理する

日付データの入力

Excelでは、日付データも処理できます。

日付のように見えて、Excelで処理できる日付の形式ではないときは注意しなければいけません。

たとえば2019年3月1日の場合、加工しようと思うデータが20190301の場合もあります。この形式だとExcelでは日付とみなしません。

加工しようと思うデータが、A列に"年"、B列に"月"、C列に"日"と、日付がばらばらに入っている場合もあるでしょう。

また、Excelで2019年3月1日と入力したもので、そのデータを取り込むシステムでは20190301と入れなければいけない場合もあります。

これらの場合でも日付を、逐一修正または、入力しなおしてはいけません。

DATE関数で日付を処理

　ExcelでH付を処理するのはDATE関数です。DATE関数は「=DATE(年,月,日)」で日付を表します。

　A列、B列、C列に、それぞれ年月日があるときは、=DATE(A1,B1,C1)で日付にできるわけです。

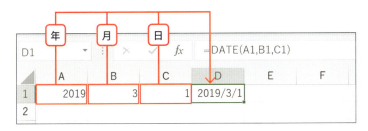

　20190301の場合は、左から4つ目までが"年"、左から5つ目から6つ目までが"月"、右から2文字が"日"なわけです。

　これを、それぞれ取り出してみます。

　取り出す場合には、**LEFT、MID、RIGHT**という関数を使います。

　この取り出したものを、DATE関数でくっつければ、それが日付データになるのです。

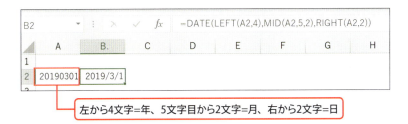

　このように、日付は加工できるので諦めないようにしましょう。

Lesson70.
part6
「数式・関数」のやってはいけない

0で割ったままにしてはいけない。IFERROR関数でエラー処理する。

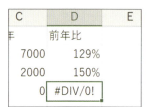

"0"で割った場合、
#DIV/0! というエラーが出る

IFERROR関数はエラー処理ができる
便利な関数

"0"で割るとエラー

　Excelは割り算もできますので、非常に便利です。

　しかし、"0"で割った場合、#DIV/0!（0で割っている）というエラーが出ます。

　このエラーを、削除・上書きしようとしてはいけません。

IFERROR関数でエラー処理

　この場合、数式を上書きするのではなく、エラー処理をすべきです。「IFERROR」という関数を使うとエラー処理ができます。

　=IFERROR(○,0)で、もし○の処理で、エラーが出た場合は"0"と表示する、そうでない場合はそのまま計算します。

　=IFERROR(B4/C4,0)だと、B4÷C4がエラーだったら"0"にして、そ

うでなかったら、B4÷C4の答えを表示します。

これをうまく使っていきましょう。

空欄にする場合は、=IFERROR(B4/C4,"")とします。

VLOOKUP関数でエラー処理

VLOOKUP関数の場合も、IFERROR関数を使うことができます。

数式は長くなりますが、そのときにしっかり入力しておけば、修正の手間は減ります。

このひと手間をかけることを、常に考えておきましょう。

次の事例は、VLOOKUP関数でシート「export」から、「売上高」という文字を探し、その金額（2列目）を連動するものです。

この場合、セルA2の「売上高」は元データにあるので、その数値を表示し、セルA3の「売上」は元データにないので、エラーとなっています。

VLOOKUP関数は、特定の値を探して表示するものですので、もしなかった場合は#N/A（not applicable=該当なし）というエラーです。

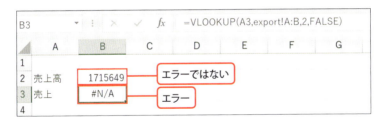

そこで、IFERROR関数を使ってエラー処理をすれば、エラーの場合は0と処理することができます。

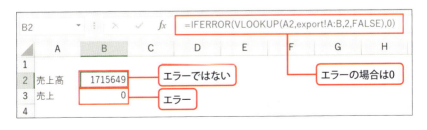

187

Lesson 71.
part 6 「数式・関数」のやってはいけない

1000で割って千円単位を表示してはいけない。セルの書式設定を使う。

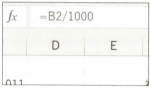

1000円で割って表示しない

千円単位で表示するならば
［セルの書式設定］を使う

1000円で割って表示

　資料をつくるとき、見やすくするために、数字を千円単位で表示することがあります。

　たとえば1,077,225を千円単位で1,077と表示するなら、1000で割ります。しかしながら、1000で割って千円単位を表示してはいけません。

書式で千円単位

　1000で割る処理は、一見楽なようですが、1000で割るという処理を毎回しなければいけなくなります。

　千円単位で表示するのであれば［セルの書式設定］を使いましょう。Ctrl+1で［セルの書式設定］を開き、表示形式タブの［ユーザー定義］で、「#,##0,」と入力すれば、千円単位になります。

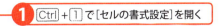
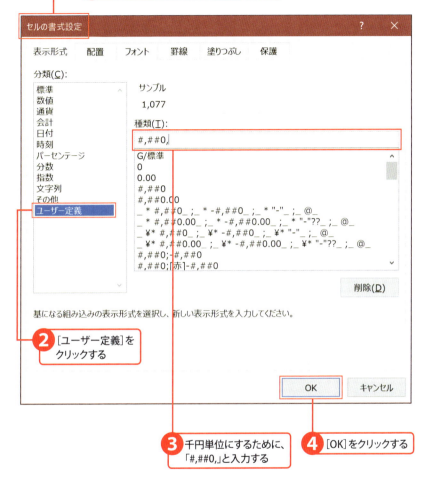

もし百万円単位にしたいのであれば、「#,##0,,」にします。

千円単位の場合、1000円未満は四捨五入されるので気をつけましょう。

たとえば1,057,225という数字を書式で千円単位にすると、1,057となり、1,057,825なら、1,058となります。

この点に気をつけましょう。

Lesson72.
part6
「数式・関数」の
やってはいけない

端数処理をせずに計算してはいけない。計算するなら端数処理する。

	A	B
1	税込金額	消費税額（10%）
2	874	795
3		

端数処理をしない

	A	B
1	税込金額	消費税額（10%）
2	874	794
3		

端数処理する

電卓が合わない

「Excelの計算と、電卓の計算が合わない」「しかたないので手打ちしている」という声をよく聞きます。

その原因は、端数処理です。

端数処理をせずに計算してはいけません。ミスにつながるからです。

Excelでの数字の表示

Excelは、小数点以下の部分を表示しないことがあります。

同じ875にみえても、実は小数点以下が隠れていて、874.5と875.3の場合があります。

Excelで小数点以下を表示しない場合、次のように小数第1位は四捨五入されるのです。

| 874.5 | → | 875 |
| 875.3 | → | 875 |

正確に計算するためには、関数で端数処理する癖をつけましょう。

● 切り捨て　=ROUNDDOWN(数値,桁数)

小数第1位で切り捨て =ROUNDDOWN(数値,1)

1,000円未満切り捨て =ROUNDDOWN(数値,-3)

● 小数点以下を切り捨て =INT(数値)

私はINT関数をよく使います。入力も簡単で、他の関数と組み合わせたときにも読みやすいからです。

=INT(数値/1.1)で、税込金額から消費税額も計算できます。

ROUNDDOWN関数との違いは、マイナスの数値のときです。

=ROUNDDOWN(-100.5,0)は-100になります。

=INT(-100.5)では-101になります。

金額の場合なら問題ありません。

● 四捨五入 =ROUND(数値,桁数)

ROUNDDOWN関数と同様に桁数も指示します。

端数処理するタイミングは計算過程

この端数処理で気をつけなければいけないのは、タイミングです。

計算過程で端数処理しないと、電卓の計算と合わなくなる可能性があります。

たとえば、次の図のような事例で、Excelでは135×88＝11,875と計算しているとします。

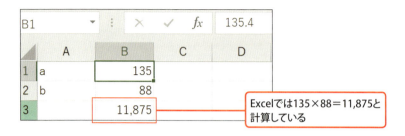

　表示は、"135"、"88"ですが、Excelに入っている数字は、"135.4"、"87.7"とします。これらをかけ合わせた結果が"11,874.58"となり、Excelでの表示は"11,875"となります（小数点以下は四捨五入のため）。電卓で検算するときは、Excelに表示されている数字「135×88＝11,880」と計算するはずです。Excelの11,875と、電卓の11,880は違います。これは端数処理をしていないからです。

　Excelで計算するなら、計算過程で次のように四捨五入で処理しなければいけません。

```
135.4 → 135
87.7  → 88
```

　これでようやく、電卓検算と一致します。

　ミスをなくすのであれば、計算過程で端数処理をしましょう。

土日を支払期限にしてはいけない。WORKDAY関数を使う。

支払期限は土日にしない

支払期限はWORKDAY関数を使って月末にする

支払期限を自動表示

　Excelで支払いや日時の限限を表示するときに、関数を使うことができます。請求日や発生日から、関数で計算します。

　月末にするなら、EOMONTH関数を使いましょう。

　しかし、月末が土日祝日になってしまうこともあります。支払期限を翌営業日へ、逐一修正してはいけません。

土日の処理

「支払期限の月末が土日の場合は、翌営業日にする」という場合は、**WORKDAY関数**を使います。WORKDAY関数は、=WORKDAY(○,1)で、○に1日足し、翌営業日にします。1日足してしまうと、翌日になってしまうので、=WORKDAY(○-1,1)で、いったん1日前にしてから1日足します。その関係は次のとおりです。金曜日なら金曜日、土曜日・日曜日なら月曜日になります。

　土日は避けて、その次の日にしてくれるわけです。

　EOMONTH関数と組み合わせて、=WORKDAY(○-1,1)の○にEOMONTHを入れます。これで月末が土日なら翌営業日にできるわけです。

　祝日の場合は、祝日のデータリストが必要です。

　シート「祝日」のA列に祝日があれば、次の図のように設定すれば、土日に加え、祝日も考慮して期限を計算してくれます。

　祝日のリストは、インターネットで検索すれば見つかりますので、毎年メンテナンスしておきましょう。

　また、土日の場合、翌営業日なのか前営業日なのかは、ルールを決めておかなければいけません。

Lesson74.
part6 「数式・関数」のやってはいけない
フリガナを入力してはいけない。関数・マクロを使う。

×

フリガナを入力する

○

フリガナは関数で入れる

フリガナ入力

ExcelでフリガナをふるときBは、関数を使うと便利です。
フリガナを逐一入力してはいけません。

Excelで入力したデータのフリガナ

Excelに直接入力した場合、フリガナを表示できます。

フリガナ表示を確認したいならば、範囲を指定してから、Alt → H → G → Enter で、フリガナが表示されます。

フリガナを修正する場合、そのセルで Alt + Shift + ↑ を同時に押すと、編集できます。しかし、フリガナを楽に入力できるのは関数です。フリガナが正しくふられていない場合でも修正できます。使う関数は、「PHONETIC関数」です。=PHONETIC(○)で、○のフリガナを表示し

ます。セルB1に入力して、コピーすれば、すべてのデータにフリガナが表示されます。このフリガナを修正して並べ替えるようにすれば確実です。

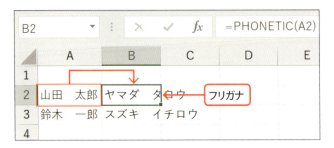

フリガナがないデータ

ただ、Excelのデータにフリガナがない場合もあります。

その場合は、フリガナを表示する操作をしても、何も出てきませんし、PHONETIC関数を使っても、漢字がそのまま表示されるだけです。

別のソフトからデータをコピーしてきた場合、フリガナは出ません。

次のようなときにはフリガナが入っていないので、注意しましょう。

- Googleフォームで登録したデータ
- その他フォームで入力してもらったデータ
- ウェブサイトからダウンロードしたデータ

もちろん、自分でフォームをつくるなら、フォーム入力時にフリガナを入力してもらう手もあります。

そうでない場合、Alt + Shift + ↑ でフリガナをふることはできますが、1つずつ操作しなければいけません。フリガナを一括でふるには、マクロが必要です。

最もシンプルなのは、次のマクロで実行すれば、選択した部分にフリガナをふれます。

```
Sub sethurigana()
    Selection.SetPhonetic
End Sub
```

Selectionが選択した部分、SetPhoneticがフリガナをふるという意味です。なんとなく、前述したPHONETIC関数と似ています。

ただ、この場合、A列にフリガナをふるだけですので、たとえばB列に表示しなければいけません。

Application.GetPhoneticがフリガナをふるという意味で、B列にA列のフリガナをふるという命令を1行目から11行目まで繰り返すという意味です。

```
Sub gethurigana()

    Dim i
    For i = 1 To 11
        Range("b"&i).Value = Application.
                └→ GetPhonetic(Range("a"& i).Value)
    Next

End Sub
```

Excelにフリガナをふりたいとき、フリガナがふれないときにこのマクロを使いましょう。

197

part **7**

「集計」の
やってはいけない

Excelの魅力の1つは、集計機能です。
様々な集計方法がある中、集計はピボットテーブルを
使うことをおすすめしています。
Part7では、ピボットテーブルを中心に、集計で気
をつけるべきことをまとめてみました。

Lesson75. 複数のシートのデータを コピー&ペーストしてはいけない。 INDIRECT関数を使う。

part7 「集計」の やってはいけない

複数シートからコピーしてはいけない

複数のシートからデータを集めるには
INDIRECT関数を使う

シートからコピーしてはいけない

　Excelの複数シートにデータがある場合、それらをコピーして1つのシートに貼り付ける方法があります。

　Ctrl＋Cの［コピー］とCtrl＋Vの［貼り付け］を使えば、それほど時間がかからないでしょう。

　しかし、毎年、毎月、毎日と繰り返しやるのであれば、効率が悪いので、これはやってはいけません。

INDIRECT関数の使い方

　複数のシートからデータを集める方法は、関数とExcelマクロがあります。
　関数なら「INDIRECT関数（インダイレクト）」です。INDIRECT関数とは、=E48のような参照を文字で指定できる関数です。たとえば、シート「1」のセル

E48を参照するには、='1'!E48という参照にします。INDIRECT関数を使えば、セルA1に1とあれば、そのA1と、!E48をつなげて、指定できるのです。通常の方法で、=A1&"!E48"としても、結果は、A1!E48という文字になりますが、=INDIRECT(A1&"!E48")なら、セルA1の「1」のセルE48を読み取って、表示します。

次の図のように入力すれば、シートからデータを集めることができます。ただし、各シートの同じ場所（この場合セルE48）にあるものしか集めることができません。

INDIRECT関数は、次のように入力シート名とセル名を数式内で使えるようにするものです。

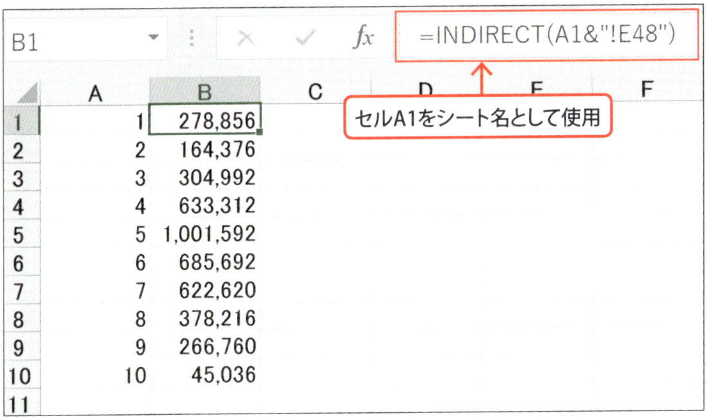

B1			f_x	=INDIRECT(A1&"!E48")

	A	B	C	D	E	F
1	1	278,856		セルA1をシート名として使用		
2	2	164,376				
3	3	304,992				
4	4	633,312				
5	5	1,001,592				
6	6	685,692				
7	7	622,620				
8	8	378,216				
9	9	266,760				
10	10	45,036				
11						

この事例では、シート名「1」から「10」のセルE48からデータを集めています。

INDIRECT関数はシート名の一覧が必要です。シート名の一覧を参照して、それを組み合わせて関数にします。

たとえば、売上データが月別のシートがある場合に、それらを集めることができるのです。

201

Excelマクロで集める

もう1つは、Excelマクロを書く方法です。

すべてのシートからデータを集めるには、次のように書きます。

```
Sub shuukei()

    Dim row
    row = 1

    Dim w As Worksheet
    For Each w In Worksheets
        If w.Name <> "集計" Then
            'A列にシート名
            Range("a" & row).Value = w.Name
            'B列にセルE48の数値
            Range("b" & row).Value = w.Range("E48").
                                              └─→ Value

            row = row + 1
        End If
    Next

End Sub
```

これを実行すれば［集計］というシート以外のシートから、シート名とデータを集めることができます。

こういった方法で、複数のシートからデータを集めることができるのですが、理想なのはシートにデータが分散しないことです。

シート1枚にデータがあれば、こういったテクニックも使わずにすみます。

必要がなければ、データを1つにしましょう。

Lesson76.
part7 「集計」のやってはいけない

複数のファイルからコピペを繰り返してはいけない。「取得と変換」で複数のファイルからデータを集める。

複数のファイルを開いてコピペを繰り返してはいけない

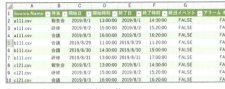

「取得と変換」で自動的に集める

複数のファイルからデータを集計する

　複数のファイル（CSVやExcel）からデータを集計する場合、まずは、そのデータを1つに集めなければいけません。
　そのときに、ファイルを開いて==コピーして貼り付けるという操作を繰り返してはいけません。==
「取得と変換」という機能を使うのが便利です（Excelマクロを使う方法もあります）。

ファイルをフォルダーに集める

「取得と変換」を使うには、まず特定のフォルダーにファイルを集めます。その==フォルダーにあるファイルを自動的に集めることができるのが、「取得と変換」==です。「取得と変換」は、Excel 2016、2019、Office 365

203

Soloなら普通に使えますが、Excel 2010、Excel 2013の方はMicrosoft Power Query for Excelをダウンロードしなければいけません。ただし、メニュー名などは変わる可能性があります。

新規のExcelファイルを開き、「取得と変換」の仕組みをつくっていきましょう。

［データ］タブの［データの取得と変換］→［データの取得］→［フォルダーから］を選びます。

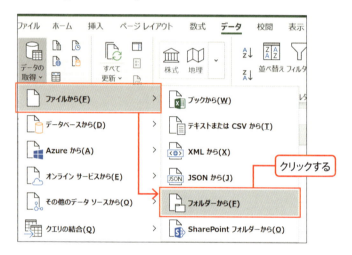

フォルダーを選べるようになるので、［参照］を押して、先ほど準備した特定のフォルダーを指定して［OK］をクリックしましょう。

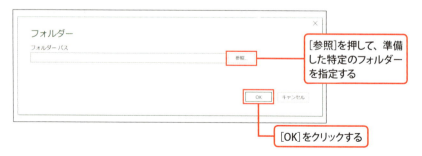

次のような画面になったら［結合および読み込み］を選んでクリックします。

次の画面で、[OK]を押ししましょう。これで集計されます。

フォルダーに入れたファイルのデータがすべて、集計先ファイルのテーブルとして集計されます（A列には、集計元のファイル名が入ります）。

ファイルを追加、データを変更した場合

　フォルダーの中のファイルを追加・削除したり、ファイルのデータを変更したりした場合は、集計先ファイルのデータを更新しなければいけません。

　つまり、フォルダーのファイルを変更するたびに、更新すれば、フォルダー内のファイルをすべて集計できるということです。

　集計先ファイルで、データを選択して［クエリ］→［更新］で更新しましょう。

　データが1つのシートに集まれば、あとはピボットテーブルで集計するだけです。

Lesson77.
part7
「集計」の
やってはいけない

Excelを使うときに、電卓とテンキーを使ってはいけない。Excel上で計算する。

電卓

数式や関数を使用

電卓やテンキーの手軽さ

電卓は、手軽に計算ができるので便利です。

とはいえ、Excelを使うときに、電卓で計算して入力してはいけません。計算はExcel上でやりましょう。

また、Excelにテンキーで入力することができます。

一見速いのですが、これからは、Excelのスキルを磨く上では電卓やテンキーを使ってはいけません。

電卓の欠点

電卓の欠点は、入力したデータの過程が見えないことです。

せっかくExcelを使っているのですから、計算はExcelでやりましょう。

Excelは、セルに1つずつデータを入れ、その過程を見ることもでき、

207

データの集計の見なおしも簡単です。

　電卓を打つくらいなら、Excelに入力することを覚えましょう（データはなるべく入力しないことが理想ですが……）。

　Excelでは、データの集計だけではなく、加工も楽にできます。

　検算のために電卓を使うことはあっても、それ以外ではなるべく電卓は使わないようにしましょう。

数字の入力は、キーボードで

　数字の入力はキーボード上部の数字キーを使いましょう。

　文章を入力するときに、この部分の数字を使えたほうが便利です。

　数字もタッチタイピングで打てるようにしておきましょう。

　テンキーを使わないことで数字の入力は遅くなる可能性が高いです。

　しかしながら、数字の入力を速くすることには意味がありません。ITはもちろん、RPA、AIの時代には、データを入力するスキルはますます必要なくなります。むしろ入力スキルは積極的に退化させ、他のスキルを磨きましょう。

　入力に時間がかかれば、次のようなことを考えると効果もあります。

> ■ データを連動できないか
> ■ 関数やマクロで効率化できないか
> ■ Excelファイルのつくり方を工夫できないか

　電卓やテンキーで片づけてしまうと、考えることもなくなってしまうでしょう。電卓やテンキーは、捨てるか、しまうことをおすすめします。

Lesson78. 表をつくってはいけない。
データを表にする。

part7 「集計」の やってはいけない

いきなり表をつくらない

ピボットテーブルでデータを表にする

表をつくらない

Excelでは表をつくることができます。

いろんな表をつくれば、そのまま資料にすることができるので便利です。しかしながら、Excelでは表をいきなりつくってはいけません。

データから表の流れへ

最初から表をつくってしまうと、デザインを変えたい場合や集計方法を変えたい場合、データを追加したいといった場合に、変更が難しくなります。

==Excelでは次の図のようなデータをつくりましょう。==

このデータを集計すれば表ができあがります。

● 好ましいデータ形式

	A	B	C	D	E
1	日付 ▼	金額 ▼	商品 ▼	支店 ▼	
2	2015/1/1	45,283	タブレット	池袋	
3	2015/1/1	69,664	周辺機器	池袋	
4	2015/1/1	12,994	スマホ	池袋	
5	2015/1/1	107,717	スマホ	新宿	
6	2015/1/1	11,959	周辺機器	池袋	
7	2015/1/1	158,987	周辺機器	新宿	
8	2015/1/1	155,588	スマホ	新宿	
9	2015/1/2	89,376	タブレット	新宿	
10	2015/1/2	10,490	スマホ	池袋	
11	2015/1/2	296,117	ノートパソ	渋谷	
12	2015/1/3	185,788	ノートパソ	新宿	
13	2015/1/3	49,657	周辺機器	池袋	
14	2015/1/3	45,832	タブレット	池袋	
15	2015/1/3	67,787	スマホ	池袋	
16	2015/1/3	198,027	スマホ	新宿	
17	2015/1/3	174,295	スマホ	新宿	
18	2015/1/4	93,646	周辺機器	新宿	
19	2015/1/4	106,485	スマホ	新宿	

　データから集計するのであれば、データを追加した場合でも、簡単に集計できます。また、データを削除して、それを反映させることも簡単です。このとき使う集計機能が、ピボットテーブルです。

　ピボットテーブルをつくれば、データを表にすることができます。

　テーブル（Ctrl＋T→Enter）にしたデータを、Alt→1→Enterでピボットテーブルにします（クイックアクセスツールバーの一番左にピボットテーブルを追加。160ページ参照）。

　ピボットテーブルは、ピボットテーブルのフィールドの項目にチェックを入れれば集計されます。

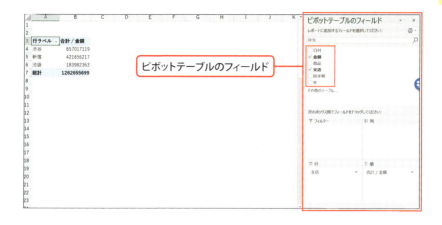

年別集計や支店別集計、年・支店別に集計することも簡単です。マウスでドラッグ、クリックすれば、項目も入れ替えられます。

Lesson79.
part7 「集計」のやってはいけない

ピボットテーブルはそのままつくってはいけない。テーブルを使う。

ピボットテーブルでそのまま表をつくらない

テーブルをつくる

ピボットテーブルのつくり方

　ピボットテーブルは、データを表に集計できる機能です。

　このピボットテーブルをつくるには、データを選択しリボンの［挿入］タブから［ピボットテーブル］を選びます。

　操作にひと手間かかり、ミスの可能性があるので、==ピボットテーブルをデータからそのままつくってはいけません。==

テーブルをまずつくる

　ピボットテーブルをつくるときには、まずテーブルをつくりましょう。先にテーブルをつくることで、ミスが防げます。通常のピボットテーブルのつくり方では、データを追加すると正しく集計されないこともありますが、テーブルだとそのようなことがおこりません。

Lesson 79 ピボットテーブルはそのままつくってはいけない。テーブルを使う。

　たとえば、500行までのデータで、ピボットテーブルを通常方法でつくると、501行目は反映されません。
　しかし、テーブルを使うと、自動的にデータ範囲を広げてくれます。
　テーブルは、是非活用していきましょう。
　データ上で、Ctrl+T→Enterを押し、テーブルをつくって、テーブルを選択し、Alt→I→Enterを選び、[OK]をクリックすれば、ピボットテーブルができあがります（クイックアクセスツールバーの設定が必要。160ページ参照）。

Ctrl+Tを押す

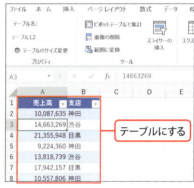
テーブルにする

　ピボットテーブルは、右側のボックスから項目を選んで集計していきます。

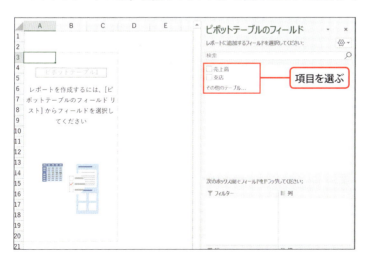
項目を選ぶ

part 7 「集計」のやってはいけない

213

たとえば、売上高をクリックすると、売上高が集計されます。これは、元のデータをすべて集計した数値です。

　項目をチェックすると、その項目で集計されます。複数項目を選ぶこともできます。テーブルの行と列のいずれかに配置することで、表の形が変わりますので試してみましょう。

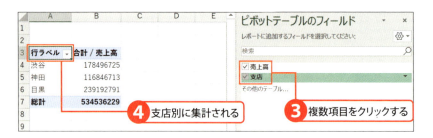

　また、見やすい表は縦に長いものです。横に長い表だとExcelではスクロールしづらくなります。
　ピボットテーブルも縦に長くなるように、フィールドをドラッグして並べ替えてみましょう。見やすい表をつくるコツです。

Lesson80. COUNT関数で数えてはいけない。ピボットテーブルを使う。

part7 「集計」のやってはいけない

COUNT関数で数えない

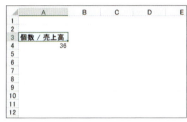

ピボットテーブルを使って個数カウントする

COUNT関数で数える

　Excelで数値の個数を数えるには、「COUNT関数」があります。また、文字の個数を数えるには、「COUNTA関数」があります。ただし、こういった場合、ピボットテーブルを使ったほうが簡単です。COUNT関数、COUNTA関数を使ってはいけません。

ピボットテーブルのほうが簡単

ピボットテーブルでも、数値や文字の個数を数えることは可能です。

　通常は数値の合計を集計しますが、次ページの図のようにピボットテーブルの［合計／金額］のいずれかを右クリックし、［値の集計方法］→［データの個数］をクリックすると、個数をカウントできるようになります。

215

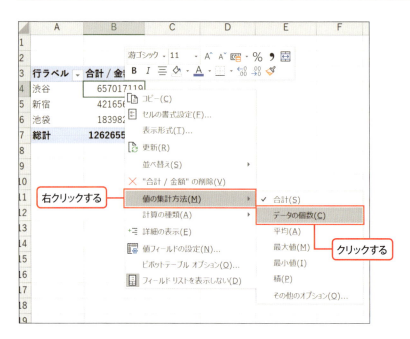

　さらに、ピボットテーブルのフィールドで、[金額]を[値]へドラッグして加えると、個数と数字を出すこともできます。このようにカウントする場合は、ピボットテーブルを使ったほうが楽な場合もあります。

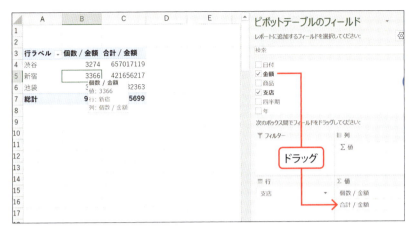

簡単にカウントするのであれば、セルを選択すると、選択した範囲の個数をカウントして、Excel右下に表示されます。

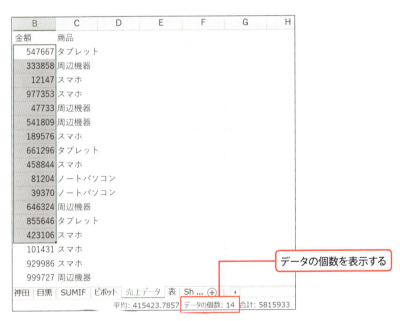

COUNT関数やCOUNTA関数を使うよりも、ピボットテーブルやこういった簡易的なカウントを使ってみましょう。

Lesson81.
part 7
「集計」の
やってはいけない

並べ替えて
合計してはいけない。
ピボットテーブルを使う。

並べ替えて集計しない

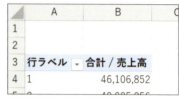

ピボットテーブルで集計すれば、
並べ替えなくていい

データ集計の方法

　月別のデータを集計するならば、次の図のようにSUM関数で集計できます。

218

ただし、項目ごとに並べ替えないと正しく集計ができません。月ごとの集計ならば月ごとに、支店ごとの集計ならば支店ごとに並べ替える必要があります。

並べ替えるなら、項目を選択して Alt → H → S → Enter です（小さい順）。

このように並べ替えて集計する方法もありますが、この方法は効率的ではありません。

データが多くなると、手動ではとてもやりきれない作業量です。

ピボットテーブルなら並べ替えなくてもいい

こういった場合も、ピボットテーブルを使いましょう。ピボットテーブルであれば、並べ替える必要はありません。

ピボットテーブルで集計（テーブル→ピボットテーブル）すれば、並べ替えなくても、そのままのデータの形で集計してくれます。

このような場合も、ピボットテーブルが便利です。

	A	B
1		
2		
3	行ラベル ▾	合計 / 売上高
4	1	46,106,852
5	2	40,985,256
6	3	47,479,264
7	4	41,615,747
8	5	45,601,706
9	6	44,163,159
10	7	44,838,040
11	8	46,438,638
12	9	41,546,671
13	10	45,356,984
14	11	47,390,173
15	12	43,013,739
16	総計	534536229

ピボットテーブルで月別に集計する

Lesson82. SUMIF関数、SUMIFS関数を使ってはいけない。ピボットテーブルを使う。

part7 「集計」の やってはいけない

SUMIF関数、SUMIFS関数は使わない

ピボットテーブルを使うほうが簡単

SUMIF関数、SUMIFS関数の使い方

Excelには、条件によって合計する関数があります。

■ SUMIF関数（サムイフ） → 条件に合ったものを合計
■ SUMIFS関数（サムイフエス） → 複数の条件に合ったものを合計

=SUMIF(○,△,□)で、○の範囲から△に該当する場合、□を足します。

上の図の場合だと、A列(月)という範囲から、セルE3(1)に該当する場合、B列(売上高)を合計しています。

=SUMIFS(○,△,□,▲,■)で、△の範囲で□に該当し、▲の範囲で■に該当する場合、○を足します。

複数の条件を指定できるのです。

2つに限らず、それ以上の条件を増やすことができます。

下の図の場合だと、A列(月)でセルE3(1)、C列(支店)でセルF2(渋谷)に該当する場合、B列(売上高)を合計しています。

これらの関数も便利で使いどころがあるのですが、条件付きで合計するならば、やはりピボットテーブルのほうが簡単です。SUMIF関数やSUMIFS関数を使ってはいけません。

ピボットテーブルのほうが簡単

　ピボットテーブルで集計して、項目を並べ変えれば、たとえば「支店別の売上」「担当者別の売上」が簡単に集計できます。

　このピボットテーブルで、支店のデータをクリック、または「列」へドラッグすれば、SUMIFS関数でつくったような表が簡単にできます。

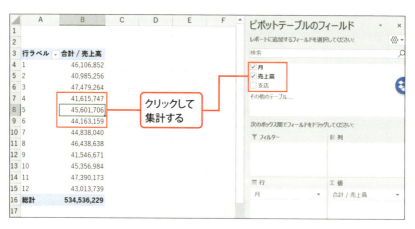

<mark>ピボットテーブルを使えば、SUMIF関数やSUMIFS関数を使いこなさなくても大丈夫です。</mark>

　ピボットテーブルのメリットは、集計にミスがないことです。デメリットは、2つあり、その1つはデザインを変えにくいということです。ただし、ピボットテーブルツールのデザインを選択することで、ある程度デザインを変えることができます。

　どうしても任意の形式にしたい場合は、ピボットテーブルから別のシートにVLOOKUP関数を使って、連動させることもできます。

　もう1つのピボットテーブルのデメリットは、データを追加、修正、削除しても、ピボットテーブルは更新されないことです。

　ピボットテーブルを右クリックして、[更新]をクリックしなければ、ピボットテーブル自体は更新されません。

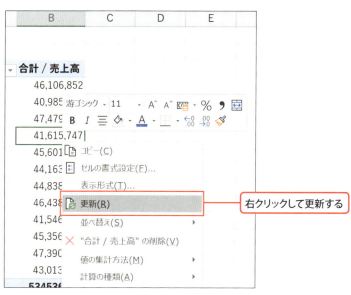

右クリックして更新する

　SUMIF関数やSUMIFS関数はデータを追加、修正、削除すれば、関数ですので更新されます。

　こういったデメリットを差し引いても、関数を使いこなす負担に比べれば、ピボットテーブルのほうが簡単に使えます。

著者紹介

井ノ上 陽一（いのうえ・よういち）

1972年生まれ。
株式会社タイムコンサルティング代表取締役。税理士。
総務省統計局、税理士事務所、IT企業を経て独立。
独立前に様々な「やってはいけないExcel事例」を見て、
「効率的で効果的なExcelの使い方を伝えたい」と強く決意。
独立後はセミナー開催・個別コンサルティング、ブログ・書
籍執筆で、教科書どおりではない、実務で磨き上げ自ら効
率化してきたノウハウを提供している。
著書に『新版 そのまま使える 経理&会計のためのExcel入
門』『社長!「経理」がわからないと、あなたの会社潰れます
よ!』『ひとり税理士の仕事術』など12冊。
ブログは12年、4,300日以上毎日更新。
https://www.ex-it-blog.com/

やってはいけないExcel

「やってはいけない」がわかると
「Excelの正解」がわかる

2019年 9月24日　初版　第1刷発行

著　者	井ノ上　陽一	
発行者	片岡　巌	
発行所	株式会社技術評論社	
	東京都新宿区市谷左内町 21-13	
	電話　03-3513-6150　販売促進部	
	03-3513-6166　書籍編集部	
印刷／製本	日経印刷株式会社	

定価はカバーに表示してあります。

本書の一部または全部を著作権法の定める範囲を超え、無断で複
写、複製、転載、テープ化、ファイルに落とすことを禁じます。

Ⓒ2019　Timeconsulting.Co.ltd

造本には細心の注意を払っておりますが、万一、乱丁（ページの
乱れ）や落丁（ページの抜け）がございましたら、小社販売促進
部までお送りください。送料小社負担にてお取り替えいたします。

ISBN978-4-297-10812-0 C3055
Printed in Japan

カバーデザイン
■bookwall

本文デザイン＋レイアウト
■矢野のり子＋島津デザイン事務所

本文イラスト
■中山成子

本書の運用は、お客様ご自身の判断で
なさるようお願いいたします。本書の
情報に基づいて被ったいかなる損害に
ついても、著者および技術評論社は一
切の責任を負いません。
本書の内容に関するご質問は封書もし
くはFAXでお願いいたします。弊社の
ウェブサイト上にも質問用のフォーム
を用意しております。
ご質問は本書の内容に関するものに限
らせていただきます。本書の内容を超
えるご質問にはお答えすることができ
ません。

〒162-0846
東京都新宿区市谷左内町21-13
（株）技術評論社　書籍編集部

『やってはいけないExcel』
質問係

FAX…03-3513-6183
Web…https://gihyo.jp/book/2019/
　　　978-4-297-10812-0